高等职业院校基于工作过程项目式系列教程

视频剪辑与特效教程

大连枫叶职业技术学院

天津滨海迅腾科技集团有限公司　　编著

张　宇　　主编

李志华　陈　凯　杨晨光

王军军　苗　鹏　李柯睿　　副主编

南开大学出版社

NANKAI UNIVERSITY PRESS

天　津

图书在版编目(CIP)数据

视频剪辑与特效教程 / 大连枫叶职业技术学院，天津滨海迅腾科技集团有限公司编著；张宇主编；李志华等副主编. —天津：南开大学出版社，2024.12.
(高等职业院校基于工作过程项目式系列教程). — ISBN 978-7-310-06669-8

Ⅰ. TP317.53

中国国家版本馆 CIP 数据核字第 2024A3U660 号

视频剪辑与特效教程
SHIPIN JIANJI YU TEXIAO JIAOCHENG

南开大学出版社出版发行

出版人:刘文华

地址:天津市南开区卫津路 94 号　　邮政编码:300071

营销部电话:(022)23508339　营销部传真:(022)23508542

https://nkup.nankai.edu.cn

天津创先河普业印刷有限公司印刷　全国各地新华书店经销

2024 年 12 月第 1 版　　2024 年 12 月第 1 次印刷

260×185 毫米　16 开本　14.75 印张　356 千字

定价:59.00 元

如遇图书印装质量问题,请与本社营销部联系调换,电话:(022)23508339

目　录

项目一　利用关键帧实现电动拖拉机动画效果

（1）素质目标

电动拖拉机集合了新能源技术、智能控制等现代科技，通过课程素材的导入，培养学生低碳环保的理念、绿色发展意识和可持续发展观；激发学生的创新意识和探索精神，培育学生不断探索和创新的科技自信。

（2）知识目标

了解视频剪辑的基本知识，包括"像素""分辨率""帧率""动态范围"等基本概念。

（3）技能目标

熟练掌握视频剪辑软件 Premiere 的基础设置与操作、工作流程、关键帧动画设置、视频渲染与输出技术。

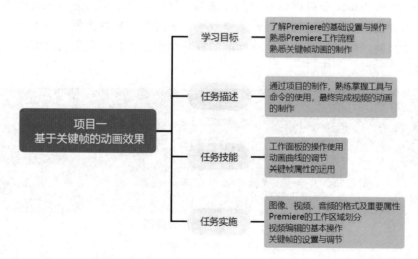

【情境导入】

在党的二十大报告中，习近平总书记明确指出"中国式现代化是人与自然和谐共生的现代化"。"尊重自然、顺应自然、保护自然，是全面建设社会主义现代化国家的内在要求"。生态环境问题，归根到底是资源过度开发、粗放利用、奢侈浪费造成的。推动绿色转型发展，必须抓住资源利用源头，各类资源都要统筹好开发与保护、增量与存量的关系，全面提升利用效率，促进发展方式绿色转型。

其中，发展新能源汽车是我国从汽车大国迈向汽车强国的必由之路，是应对气候变化、推动绿色发展的战略举措。新能源汽车融汇新能源、新材料和互联网、大数据、人工智能等多种变革性技术，推动汽车从单纯的交通工具向移动智能终端、储能单元和数字空间转变，带动能源、交通、信息通信基础设施改造升级，促进能源消费结构优化、交通体系和城市运行智能化水平提升，对建设清洁美丽世界、构建人类命运共同体具有重要意义。新能源汽车产业的快速发展，是我国着力培育发展新动能，促进经济高质量发展的一个生动缩影。

【任务描述】

● 使用命令与工具对素材进行编辑
● 利用关键帧丰富动画的细节
● 按照相应需求渲染视频的格式

【效果展示】

Premiere 是由 Adobe 公司推出的一款视频编辑软件，有较好的兼容性，可以与多款视频编辑软件结合使用，能够较高地提升工作效率。通过制作项目案例，练习视频的基本编辑，提升制作技能，最终能够达到企业标准的视频制作。项目一利用关键帧实现电动拖拉机动画的效果图如图 1-1 所示。

图 1-1　项目一最终效果图

技能点一　　视频剪辑的基础知识

Premiere 是一款非常优秀的、主流的、专业的非线性视频编辑软件，因其拥有简洁的界面和极其实用的性能，从而受到众多专业视频编辑人士的喜爱，是目前最易掌握、高效和精确的视频编辑软件。可以广泛应用于视频、音频的编辑之中，帮助人们更便捷、高效的进行编辑工作。

一、图像、视频、音频基本属性

1. 图像。图像是具有视觉效果的画面，是人类视觉的基础。而计算机中的数字图像则是用存储的数据来记录图像上的亮度信息。常见图像格式如图 1-2 所示。常见图像属性包括：

（1）灰度：使用黑色（基准色）调表示物体，利用不同饱和度的黑色来显示图像。

（2）像素：图像中最小的单位。像素是尺寸单位，而不是画质。像素和分辨率组合方式决定了图像数据量。

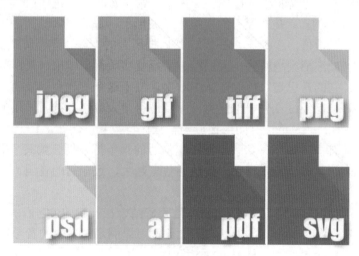

图 1-2　常见图像格式

2. 视频。视频是指将一系列静态影像以电子信号的方式进行捕捉、记录、处理、储存、传送与重现的各种技术。常见视频格式如图 1-3 所示。常见视频属性包括：

（1）分辨率：分辨率决定图像细节的精细程度。通常图像的分辨率越高，所包含的像素就越多，图像就越清晰，显示质量也就越好。同时，它也会增大文件占用的存储空间。

（2）长宽比：是视频画面元素的比例，传统的视频长宽比是 4:3，如今的视频长宽比大多是 16:9。

（3）折叠扫描传送（场）：选择视频逐行扫描或隔行扫描进行显示。

（4）帧率（fps）：每秒钟播放的静态画面数量，通常是 24 帧/秒或是 25 帧/秒，但随着科技的进步，30 帧/秒、60 帧/秒也在逐渐普及到生活之中。

（5）码流率：视频文件在单位时间内使用的数据流量，使用的单位是 Kb/s 或者 Mb/s。同样分辨率下，视频文件的码流率越大，压缩比就越小，画面质量就越高，处理出来的文件就越接近原始文件，同时要求播放设备的解码能力也越高。

图 1-3　常见视频格式

3. 音频。音频是能被人体感知的声音频率，通常实在 20—20000 赫兹之间，它是通过物体振动产生的声波，通过介质（空气或固体、液体）进行传播并能被人或动物听觉器官所感知的波动现象。常见音频格式如图 1-4 所示。常见音频属性包括：

（1）采样频率（kHz）：是在原有的模拟信号波形上，每隔一段时间进行一次"取点"，赋予每一个点以一个数值，这就是"采样"，然后把所有的"点"连起来播放，在一定时间内取的点越多，音频波形则越精确。人们经过了反复实验得出结论，采样频率 44.1kHz 是一个合适的数值，它的意思是每秒取样 44100 次。低于这个值就会有较明显的损失，而高于这个值，人的耳朵已经很难分辨出优劣，而且还将增大数字音频所占用的空间。

（2）比特率（Bit）：是单位时间内播放的音频比特数量。例如，16 比特就是指把波形的振幅划为 2^{16}，即 65536 个等级，根据模拟信号的大小把它划分到某个等级中，然后就可以用数字进行表示了。比特率越高，传送的数据越大，还原后的音质、画质就越好，相当于视频领域的"码流率"。

（3）动态范围（dB）：动态范围与比特率是紧密结合在一起的，它们的关系是，比特率每提高 1 比特，动态范围就提高 6dB。按照此比例可以满足大多数的音频需求了。

图 1-4　常见音频格式

二、主要工作区域的分布

Premiere 的工作区域，主要由"菜单栏""效果控件面板""项目面板""监视器面板""工作栏面板""时间线面板"等面板组合而成（在某些面板中还包含有其他面板），如图 1-5 所示。

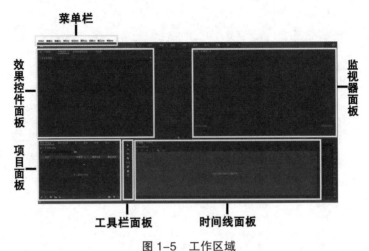

图 1-5　工作区域

1. 菜单栏。包含 Premiere 全部的命令，共有 9 个主菜单，如图 1-6 所示。分别是"文件"用于打开、新建、存储、渲染等操作，如图 1-7 所示。"编辑"用于素材的复制、清除、查找等操作，如图 1-8 所示。"剪辑"用于素材的替换、修改、链接等操作，如图 1-9 所示。"序列"用于时间线面板上的素材操作，如图 1-10 所示。"标记"用于素材的标记，如图 1-11 所示。"图形"用于图形模板、新建图层等操作，如图 1-12 所示。

"视图"用于标尺、参考线等功能操作，如图 1-13 所示。"窗口"用于窗口和面板的显示，如图 1-14 所示。"帮助"用于相关帮助等信息的查找，如图 1-15 所示。

文件(F)　编辑(E)　剪辑(C)　序列(S)　标记(M)　图形(G)　视图(V)　窗口(W)　帮助(H)

图 1-6　菜单栏

2. 效果控件面板。用于对素材的运动、不透明度、时间重映射等控制，通过调节参数创建关键帧动画。"运动"包含"位置""缩放""缩放宽度""旋转""锚点""防闪烁滤镜"等属性的调节。

"面板控制" ▤ 单击此图标，可打开效果控件面板，选择相应命令进行的操作。如图 1-16 所示。

（1）"位置"调节素材在"X"轴和"Y"轴的移动。

（2）"缩放"调节素材的放大缩小效果。

（3）"旋转"调节素材的转动角度。

（4）"锚点"调节素材的控制原点。

（5）"防闪烁滤镜"消除素材中的闪烁效果。

（6）"不透明度"用于调节素材不透明度的大小、设置素材之间的混合模式等效果，利用 ◯ ▢ ✐ 图标绘制蒙版。

文件(F)	编辑(E)	剪辑(C)	序列(S)	标记(M)	图形
新建(N)					>
打开项目(O)...					Ctrl+O
打开作品(P)...					
打开最近使用的内容(E)					>
关闭(C)					Ctrl+W
关闭项目(P)					Ctrl+Shift+W
关闭作品					
关闭所有项目					
关闭所有其他项目					
刷新所有项目					
保存(S)					Ctrl+S
另存为(A)...					Ctrl+Shift+S
保存副本(Y)...					Ctrl+Alt+S
全部保存					
还原(R)					
捕捉(T)...					F5
批量捕捉(B)...					F6
链接媒体(L)...					
设为脱机(O)...					
Adobe Dynamic Link(K)					>
从媒体浏览器导入(M)					Ctrl+Alt+I
导入(I)...					Ctrl+I
导入最近使用的文件(F)					>
导出(E)					>
获取属性(T)					
项目设置(P)					>
作品设置(T)					
项目管理(M)...					
退出(X)					Ctrl+Q

图 1-7　文件菜单

编辑(E)	剪辑(C)	序列(S)	标记(M)	图形(G)	视图(V)	窗
撤消(U)						Ctrl+Z
重做(R)						Ctrl+Shift+Z
剪切(T)						Ctrl+X
复制(Y)						Ctrl+C
粘贴(P)						Ctrl+V
粘贴插入(I)						Ctrl+Shift+V
粘贴属性(B)...						Ctrl+Alt+V
删除属性(R)...						
清除(E)						回格键
波纹删除(T)						Shift+删除
重复(L)						Ctrl+Shift+/
全选(A)						Ctrl+A
选择所有匹配项						
取消全选(D)						Ctrl+Shift+A
查找(F)...						Ctrl+F
查找下一个(N)						
标签(L)						>
移除未使用资源(R)						
合并重复项(F)						
生成媒体的源剪辑(G)						
重新关联源剪辑(R)...						
编辑原始(O)						Ctrl+E
在 Adobe Audition 中编辑						
在 Adobe Photoshop 中编辑(H)						
快捷键(K)...						Ctrl+Alt+K
首选项(N)						>

图 1-8　编辑菜单

剪辑(C)	序列(S)	标记(M)	图形(G)	视图(V)
重命名(R)...				
制作子剪辑(M)...				Ctrl+U
编辑子剪辑(D)...				
编辑脱机(O)...				
源设置...				
修改				>
视频选项(V)				>
音频选项(A)				>
速度/持续时间(S)...				Ctrl+R
场景编辑检测(S)...				
捕捉设置(C)				>
插入(I)				
覆盖(O)				
替换素材				>
替换为剪辑(P)				>
渲染和替换(R)...				
恢复未渲染的内容(E)				
更新元数据				
生成音频波形				
自动匹配序列(A)...				
启用(E)				Shift+E
链接(L)...				Ctrl+L
编组(G)				Ctrl+G
取消编组(U)				Ctrl+Shift+G
同步(Y)...				
合并剪辑...				
嵌套(N)...				
创建多机位源序列(Q)...				
多机位(T)				>

图 1-9　剪辑菜单

序列(S)	标记(M)	图形(G)	视图(V)	窗口(W)	帮助(H)
序列设置(Q)...					
渲染入点到出点的效果					
渲染入点到出点					
渲染选择项					
渲染音频(R)					
删除渲染文件					
删除入点到出点的渲染文件					
匹配帧(M)					F
反转匹配帧(F)					Shift+R
添加编辑(A)					Ctrl+K
添加编辑到所有轨道(A)					Ctrl+Shift+K
修剪编辑(T)					Shift+T
将所选编辑点扩展到播放指示器(X)					E
应用视频过渡(V)					Ctrl+D
应用音频过渡(A)					Ctrl+Shift+D
应用默认过渡到选择项(Y)					Shift+D
提升(L)					;
提取(E)					'
放大(I)					=
缩小(O)					-
封闭间隙(C)					
转到间隙(G)					>
✓ 在时间轴中对齐(S)					S
链接选择项(P)					
选择跟随播放指示器(P)					
显示连接的编辑点(U)					
标准化混合轨道(N)...					
制作子序列(M)					Shift+U
自动重构序列(A)...					
添加轨道(T)...					
删除轨道(K)...					
字幕					

图 1-10　序列菜单

标记(M)	图形(G)	视图(V)	窗口(W)	帮助(H)
标记入点(M)				I
标记出点(M)				O
标记剪辑(C)				X
标记选择项(S)				/
标记拆分(P)				>
转到入点(G)				Shift+I
转到出点(G)				Shift+O
转到拆分(O)				
清除入点(G)				Ctrl+Shift+I
清除出点(G)				Ctrl+Shift+O
清除入点和出点(N)				Ctrl+Shift+X
添加标记				M
转到下一标记(N)				Shift+M
转到上一标记(P)				Ctrl+Shift+M
清除所选标记(K)				Ctrl+Alt+M
清除所有标记(A)				Ctrl+Alt+Shift+M
编辑标记(I)...				
添加章节标记...				
添加 Flash 提示标记(F)...				
✓ 波纹序列标记				
复制粘贴包括序列标记				

图 1-11　标记菜单

图形(G)	视图(V)	窗口(W)	帮助(H)
安装动态图形模板...			
新建图层(L)			>
对齐			>
排列			>
选择			>
升级为源图			
重置所有参数			
重置持续时间			
导出为动态图形模板...			
替换项目中的字体...			

图 1-12　图形菜单

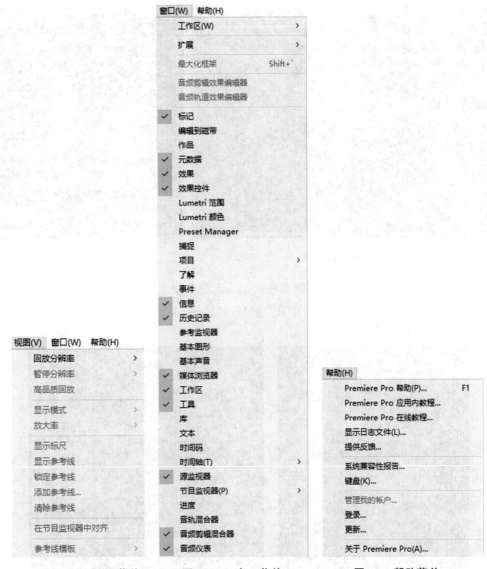

图 1-13　视图菜单　　　　图 1-14　窗口菜单　　　　图 15　帮助菜单

（7）"时间重映射"用于对素材的任何部分进行速度变化、倒放或者将帧冻结等操作。

（8）"切换效果开关" ⨍ 为默认显示效果，如果图标显示 ⨍，表示效果不可用。

（9）"切换动画" ⏱ 可以创建关键帧。单击一次，图标呈蓝色显示 ⏱，表示关键帧创建成功。再次单击此图标可删除所有关键帧；

（10）"重置" ↻ 单击此图标，可取消参数的设置，恢复至初始状态。

默认状态下，还显示"源面板"可以查看视频剪辑和编辑视频序列，如图 1-17 所示。

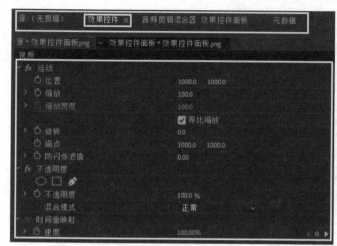

图1-16　效果控件面板

图1-17　源面板

"音频剪辑混合器"可以混合不同音频轨道，调节剪辑素材的音量进行实时工作，如图1-18所示。"元数据"是关于素材的说明性信息，包括基本元数据属性，如日期、时长和文件类型，如图1-19所示。

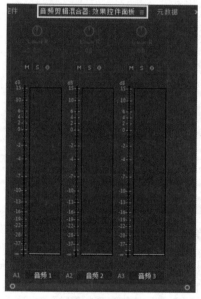

图1-18　音频剪辑混合器

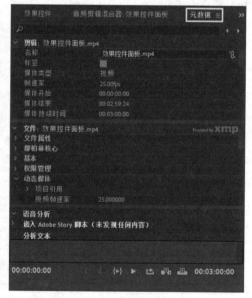

图1-19　元数据

3. 项目面板。可以对素材进行管理，显示类型、名称、颜色标签等素材的属性。如图1-20所示。

（1）"在只读与读/写之间切换"单击此图标，在可编辑与不可编辑之间切换。

（2）"列表视图"单击此图标，素材呈列表视图展示。

（3）"图标视图"单击此图标，素材呈列图视图展示。

（4）"自由变换视图"单击此图标，素材呈自由视图展示。

（5）"调整图标和缩览图大小"单击此图标，缩放素材大小比例。

（6）"排列图标" ■ 单击此图标，可自定义素材的顺序。

（7）"自动匹配序列" ■ 单击此图标，素材自动调整到时间线面板中。

（8）"查找" 🔍 单击此图标，可以快速查找素材。

（9）"新建素材箱" ■ 单击此图标，建立素材箱方便素材管理。

（10）"新建项" ■ 单击此图标，对素材进行分类管理。

（11）"清除" ■ 单击此图标，对素材进行删除。

图 1-20　项目面板

　　"媒体浏览器"可以直接浏览、提取、编辑素材的简便方法，如图 1-21 所示。"库"需要登录 Creative Cloud 账户才可以使用，如图 1-22 所示。"信息"显示素材的基本信息，如图 1-23 所示。

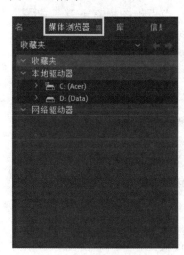

图 1-21　媒体浏览器　　　　　　　图 1-22　库　　　　　　　　图 1-23　信息

　　"效果"设置音视频的特效效果，如图 1-24 所示。"标记"选择颜色进行标记，如图 1-25 所示。"历史记录"可以切换到当前编辑状态，如图 1-26 所示。

　　4. 工具栏面板。又称工具箱，包含各种编辑素材的工具。选择某个工具后，鼠标指针在时间线面板中便会显示出此工具的图标，并具有相应的编辑功能，如图 1-27 所示。

图 1-24　效果　　　　　　　图 1-25　标记　　　　　　　图 1-26　历史记录

图 1-27　工具栏面板

（1）"选择工具" 可以选择、移动素材，调节素材的出入点及关键帧。

（2）"向前选择轨道工具" 选择同一轨道上某个素材之前的所有素材 ，当点击图标右下方三角 ，弹出隐藏命令 ，"向后选择轨道工具"其作用是选择同一轨道上某个素材之后的所有素材。

（3）"波纹编辑工具" 可以拖动素材的出入点改变素材长度，相邻素材长度不变，项目总时长会随之改变，通常是对素材进行剪辑后使用该工具。当点击图标右下方三角 ，弹出隐藏命令 ，"滚动编辑工具"拖动素材的出入点改变素材长度，相邻素材的长度会随之改变，项目总时长不变。"比率拉伸工具"对素材播放的速度进行调整，同时也改变素材的长度。

（4）"剃刀工具" 可以对素材进行分割，将素材分若干部分，产生新的出入点。

（5）"外滑工具" 可以改变素材的出入点，但是项目总时长不变，且不影响相邻素材。当点击图标右下方三角 ，弹出隐藏命令 ，"内滑工具"可以保持素材的出入点不变，通过相邻素材长度的变化，改变其在时间线面板的位置，项目总时长不变。

（6）"钢笔工具" 用于设置素材的关键帧或是在素材上创建图形。当点击图标右下方三角 ，弹出隐藏命令 ，"矩形工具"在素材上创建矩形图形，或者是"椭圆工具"在素材上创建圆形图形。

（7）"手形工具" 对时间线面板进行拖动，方便素材的查找工作。当点击图标右下方三角 ，弹出隐藏命令 ，"缩放工具"可以用来缩放时间线面板的比例，方便素材的编辑工作。

（8）"文字工具" 可以输入横版文字内容。当点击图标右下方三角 ，弹出隐藏命令 ，"垂直文字工具"可以输入竖版文字内容。

5. 时间线面板。是视频剪辑的基础，工作区域的核心，大部分编辑工作都在时间线面板中进行，可以编辑视频序列、特效、字幕和过渡等效果，对素材进行移动、裁剪、制作关键帧等编辑工作，如图 1-28 所示。

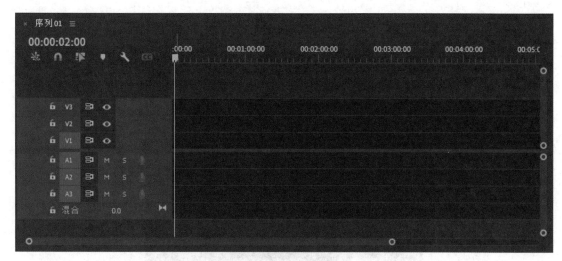

图 1-28　时间线面板

（1）"序列标签" ░░ 序列01 ≡ 显示此序列的名称。

（2）"播放指示器位置" 00:00:02:00 显示当前时间指示的位置。

（3）"将序列作为嵌套或个别剪辑插入并覆盖" ▓将序列以嵌套效果进入时间线面板之中，▓关闭状态，序列以正常状态进入时间线面板。

（4）"在时间轴中心对齐" ▓移动素材会被自动吸附，▓关闭状态，移动素材不会被自动吸附。

（5）"链接选择项" ▓将音频域视频链接在一起，▓关闭状态，将音频域视频链接取消。

（6）"添加标记" ▓快速在素材上记录标记。

（7）"时间轴显示设置" ▓对时间轴显示进行设置。

（8）"字幕轨道选项" ▓选择字幕显示或隐藏。

（9）"视频 1 轨道" ▓表示视频轨道 1，▓表示视频轨道 2，以此类推。

（10）"切换轨道锁定" ▓打开状态，正常使用此视频轨道，▓关闭状态，停止使用此视频轨道。

（11）"切换同步锁定" ▓打开状态，编辑素材时轨道同步转移，▓关闭状态，编辑素材时轨道不再同步转移。

（12）"切换轨道输出" ▓打开状态，显示此视频轨道上的素材，▓关闭状态，隐藏此视频轨道上的素材。

（13）"音频 1 轨道" ▓表示音频 1 轨道，▓表示音频 2 轨道，以此类推。

（14）"静音轨道" ▓表示正常使用此音频轨道的素材，▓将此音频轨道的素材静音。

（15）"独奏轨道" ▓表示正常使用此音频轨道的素材，▓只单独播放此音频轨道上的素材。

（16）"画外音录制" ▓可以录制音频文件。

（17）"当前时间指示器" ▓也称时间指针，显示当前帧的位置。

（18）"缩放滑块" ▓缩放显示轨道上素材的长度。

6. 节目监视器面板。用于实时预览素材的编辑效果，方便进一步对素材的修改制作，如图 1-29 所示。

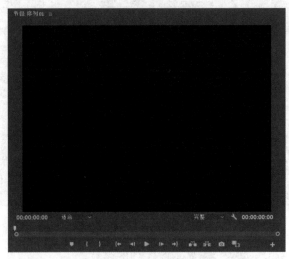

图 1-29　节目监视器面板

（1）"播放指示器位置" 00:00:00:00 显示当前时间指示的位置。

（2）"选择缩放级别" 选择监视器的大小比例。

（3）"选择回放分辨率" 完整 选择监视器的分辨率大小。

（4）"设置" 选择更多的显示信息。

（5）"入点/出点持续时间" 00:00:00:00 显示从入点到出点之间的素材长度。

（6）"当前时间指示器" 显示当前帧的位置。

（7）"时间范围" 显示素材的时间长度。

（8）"添加标记" 在素材上记录标记，可对此时间的素材进行注释。

（9）"标记入点" 设置素材的入点。

（10）"标记出点" 设置素材的出点。

（11）"转到入点" 时间指示器自动跳转到入点的位置。

（12）"转到出点" 时间指示器自动跳转到出点的位置。

（13）"后退一帧" 时间指示器会转到当前帧的前一帧。

（14）"前进一帧" 时间指示器会转到当前帧的后一帧。

（15）"播放-停止切换" 播放预览素材，再次单击暂停播放。

（16）"提升" 将素材上出点与入点的内容删除，但是保留间隙。

（17）"提取" 将素材上出点与入点的内容删除，相邻素材自动连接没有间隙。

（18）"导出帧" 可以将当前帧导出一张图像格式。

（19）"比较视图" 监视器出现两个画面，左侧是参考画面自带时间滑块，右侧是受下方"时间线面板"的控制。可选择"并排""垂直拆分""水平拆分"三种显示方式。

（20）"按钮编辑器" 弹出"按钮编辑器"面板，显示出更多的剪辑工具，使用鼠标将需要的工具拖至监视器面板的工具栏中，如图 1-30 所示。

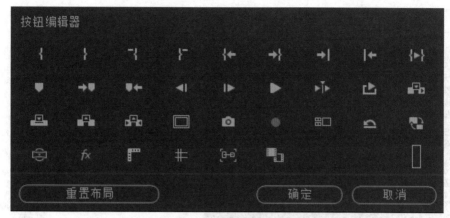

图 1-30 按钮编辑器

技能点二 视频编辑的基本操作

了解基础知识后，要进一步编辑视频，还需要掌握项目建立、序列设置、命令使用、元素创建、渲染导出等一系列的操作，只有这样才能提高工作效率，获得事半功倍的效果，更好地完成视频编辑。

一、创建项目

新建项目是最基础的操作，也是视频编辑不可或缺的一步。当启动 Premiere 后，在弹出的"主页"对话框中单击"新建项目"，如图 1-31 所示。在弹出的"新建项目"对话框中单击"确定"，其中"名称"可对项目进行命名，"位置"可选择储存项目的路径位置，通常情况下只需要更改"名称"与"位置"，其他选项使用默认属性即可，如图 1-32 所示。

图 1-31 主页对话框

图 1-32 新建项目对话框

若要修改或继续制作项目文件，单击"打开项目"，如图 1-33 所示。选择相应项目文件后，单击"确定"即可进入工作界面，如图 1-34 所示。

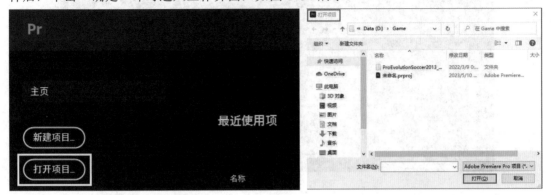

图 1-33   打开项目   图 1-34   选择项目文件

二、创建序列

序列是视频编辑的基础设置，相当于项目的子级别，一个项目可以由一个序列或多个序列组合而成。在序列中可以对视频、音频、图片等素材进行编辑。当项目创建完成后，此时的"时间线面板"处于空白状态，如图 1-35 所示。单击菜单中"文件""新建""序列"命令，如图 1-36 所示。

图 1-35   时间线面板

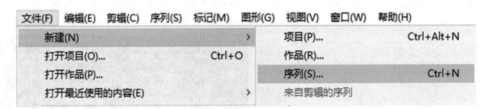

图 1-36   创建序列

在"新建序列"对话框的"序列预设"中，包含若干可用预设类型（预设类型多是以摄像机格式命名），通常使用默认选择"标准 48kHz"，在"预设描述"中对选择的类型有详细介绍，在"序列名称"可以创建此序列的名称。若无其他设置，单击"确定"即可，如图 1-37 所示。

1. 自定义序列属性参数设置。若需要更多自定义设置，选择"设置"，在"设置"中可以自定义序列的属性参数。创建序列前，需了解要编辑素材的基本信息，在设置序列属性时候进行参考，使序列的设置更准确，针对性更强。

在"编辑模式"设置预览和播放的视频格式，如图 1-38 所示。

（1）"时基"是时间基准即帧数率。

（2）"帧大小"画面像素的尺寸大小（通常与编辑素材的帧大小一致即可）。

（3）"像素长宽比"设置像素长宽比。

（4）"场"设置场序，即逐行扫描或隔行扫描。

（5）"显示格式"设置时间码格式。

（6）"工作色彩空间"颜色显示方式。

（7）"采样率"设置音频的品质，采样率越高其音频品质越高。

（8）"显示格式"设置音频时间的显示单位。

（9）"预览文件格式"设置预览文件时文件的显示格式。

（10）"编解码器"设置预览文件的编解码器格式。

（11）"宽度"视频预览的帧宽度。

（12）"高度"视频预览的帧高度。

（13）"重置"清除并重新设置预览尺寸。

（14）"最大位深度"勾选后，颜色位深会最大化，但可能会影响素材颜色校正的准确。

（15）"最高渲染质量"勾选后，提高渲染质量。

（16）"以线性颜色合成（要求 GPU 加速或最高渲染品质）"勾选后，提高渲染速度与质量。若无其他设置，单击"确定"即可。

图 1-37 序列预设

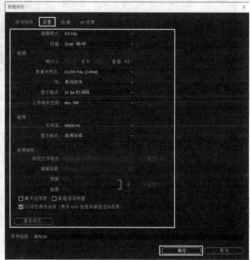

图 1-38 设置

2. "轨道"的自定义设置。若需要更多自定义设置，选择"轨道"，在"轨道"设置音频轨道与视频轨道的数量。在"视频"序列中设置视频轨道的数量，如图 1-39 所示。

（1）"混合"可选择主音频轨道的类型。

（2）"声道数"选择声道的数量。

（3）"+"可增添默认的音频轨道数量。

（4）"-"可删除所选轨道。

（5）"轨道名称"可对轨道进行命名。

（6）"轨道类型"可选择音频的类型。

（7）"声像/平衡"可设置音频。

3. "VR 视频"的自定义设置。若需要更多自定义设置，选择"VR 视频"，设置 VR 沉浸式视频属性，如图 1-40 所示。

（1）"投影"选择投影方式。

（2）"布局"选择球面投影后可对分布方式进行调节。

（3）"水平捕捉的视图"选择球面投影后可对水平角度进行调节。

（4）"垂直"选择球面投影后可对垂直角度进行调节。

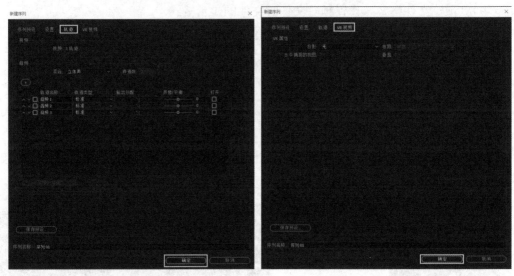

图 1-39　轨道设置　　　　　　　　　　　　图 1-40　VR 视频设置

三、导入素材

导入素材有两种方法，第一种，在"项目"面板的空白处双击鼠标左键（或使用键盘快捷键 Ctrl+1 键），如图 1-41 所示。在弹出的"导入"对话框选择需要的素材文件后，单击"打开"即可，如图 1-42 所示。

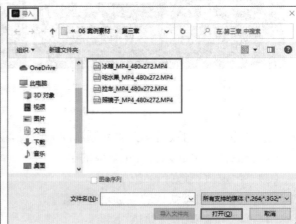

图 1-41　项目面板　　　　　　　　　　　　图 1-42　导入对话框

第二种，单击菜单"文件""导入"命令，如图1-43所示。选择需要的素材文件后，单击"打开"即可导入至项目面板之中，如图1-44所示。

图1-43　文件菜单

图1-44　导入视频素材

需要注意的是，如果导入的是"文件夹"，要在弹出的"导入"对话框中单击"导入文件夹"，如图1-45所示。如果导入的是"图像序列"，要在弹出的"导入"对话框中勾选"图像序列"，如图1-46所示。

图1-45　导入文件夹　　　　　　　　　　图1-46　图像序列

四、替换素材

在编辑过程中由于素材路径变换、误删、更换等问题，会使素材丢失或已不符合编辑要求，此时使用"替换素材"命令变更相应素材文件进行编辑。

例如，在"项目"面板导入素材"冰箱"，此时需要将素材"冰箱"替换成素材"拉车"，第一种方法，鼠标单击素材"冰箱"，如图1-47所示。单击菜单"剪辑""替换素材"命令，如图1-48所示。第二种方法，在"项目"面板的素材上单击鼠标右键，在弹出的菜单中选择"替换素材"，如图1-49所示。

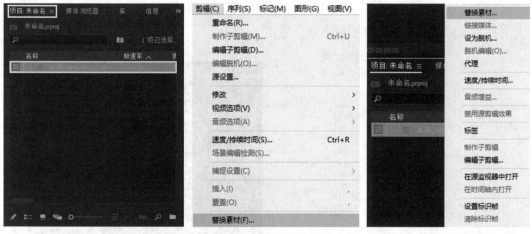

图 1-47 选择素材　　　　图 1-48 剪辑菜单中替换素材　　　图 1-49 右键选择替换素材

在弹出"替换"对话框中选择相应需要替换的素材，单击"选择"即可，如图 1-50 所示。在"项目"面板中，素材"冰箱"替换成素材"拉车"，如图 1-51 所示。

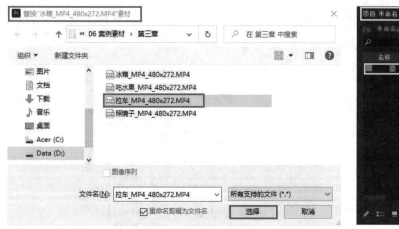

图 1-50 选择相应替换的素材

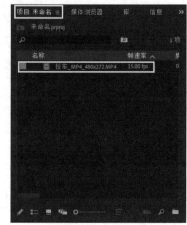

图 1-51 最终效果

五、复制与粘贴

在编辑素材过程中，可以对素材进行复制粘贴，也可以对添加特效的素材进行复制和粘贴，从而提高了工作效率。

1. 例如，打开案例素材"1-35 复制与粘贴"文件，在"项目"面板中单击素材"拉车"，单击菜单"编辑"选择"复制"命令（或使用键盘快捷键 Ctrl+C 键），如图 1-52 所示。先单击"项目"面板空白处，再单击菜单"编辑"选择"粘贴"命令（或使用键盘快捷键 Ctrl+V 键），如图 1-53 所示。在"项目"面板中，出现复制出来的素材"拉车"，如图 1-54 所示。

图 1-52　复制　　　　　　　图 1-53　粘贴　　　　　　图 1-54　复制出的素材

2. 若素材在时间线面板上，也可以进行复制粘贴。创建序列后将素材"拉车"拖至"时间线"面板的"视频轨道 V1"中，单击选择素材"拉车"，单击键盘快捷键 Ctrl+C 键，如图 1-55 所示。取消选择"V1"单击"V2"，再单击键盘快捷键 Ctrl+V 键，在时间线面板"视频轨道 V2"中复制出素材"拉车"，如图 1-56 所示。

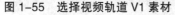

图 1-55　选择视频轨道 V1 素材　　　　　图 1-56　视频轨道 V2 复制出素材

也可以按住键盘 Alt 键，再使用鼠标左键拖动"视频轨道 V1"中素材"拉车"，如图 1-57 所示。完全拖至到"视频轨道 V2"中放开鼠标左键，素材"拉车"则复制完成，如图 1-58 所示。

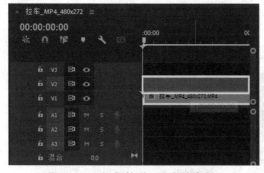
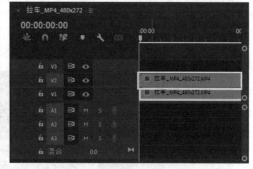

图 1-57　视频轨道 V1 中的素材　　　　　图 1-58　视频轨道 V2 中复制完成

3. 若素材需要复制在同一轨道上，将"时间指针"移动至素材出点位置（默认复制出素材的入点与时间线对齐），选择素材单击键盘快捷键 Ctrl+C 键，如图 1-59 所示。再次单击键盘快捷键 Ctrl+V 键，在原素材出点位置复制出新的素材，如图 1-60 所示。

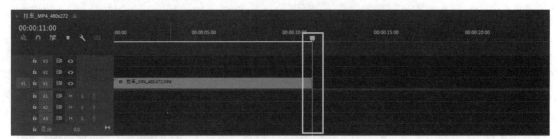

图 1-59　时间线位置

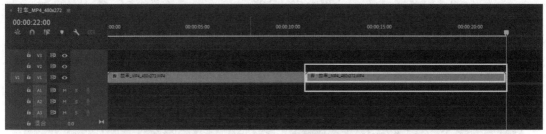

图 1-60　出点位置复制素材

5. 打开案例素材"1-5 复制与粘贴"文件,在"视频轨道 V1"的素材"拉车"上显示出特效效果"四色渐变""网格",如图 1-61 所示。在"视频轨道 V2"的素材"拉车"上没有任何特效效果,如图 1-62 所示。

图 1-61　视频轨道 V1 的素材

图 1-62　视频轨道 V2 的素材

若要将"视频轨道 V1"的特效效果复制到"视频轨道 V2",就需要使用"粘贴属性"。选择"视频轨道 V1"的素材"拉车",单击键盘快捷键 Ctrl+C 键。再选择"视频轨道 V2"的素材"拉车",如图 1-63 所示。单击菜单"编辑→粘贴属性"命令(或使用键盘快捷键 Ctrl+Alt+V 键),如图 1-64 所示。

图 1-63　选择视频轨道 V2 素材　　　　　图 1-64　编辑菜单栏"粘贴属性"命令

在弹出的"粘贴属性"对话框中选择需要复制的属性，单击"确定"即可，如图 1-65 所示。在"视频轨道 V2"的素材"拉车"上也会显示出特效效果，如图 1-66 所示。

图 1-65　粘贴属性对话框　　　　　　　　图 1-66　素材特效效果

六、速度/持续时间

调整音视频的播放速度的同时播放时间也会自动改变。

例如，将素材"荒漠"导入软件中，在"项目"面板可以观察到"视频持续时间"显示"15 秒"，如图 1-67 所示。单击菜单栏"剪辑→速度/持续时间"命令（或使用键盘快捷键 Ctrl+R 键），如图 1-68 所示。

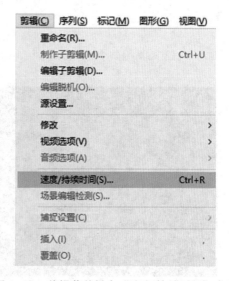

图 1-67　素材"荒漠"导入项目面板　　　图 1-68　剪辑菜单栏中"速度/持续时间"命令

弹出"剪辑速度/持续时间"对话框后，可进行如下操作，

（1）"速度"设置视频播放速度的百分比（▉此图标表示"速度"与"持续时间"成比例变化，▉此图标表示"速度"与"持续时间"各自变化互不影响）。

（2）"持续时间"设置视频时间的长短。

（3）"倒放速度"勾选后，将反向播放视频。

（4）"保持音频音调"勾选后，音频播放速度不会产生变化，如图 1-69 所示。

在"速度"输入"50"，在"项目"面板可以观察到"视频持续时间"显示"30 秒"，如图 1-70 所示。

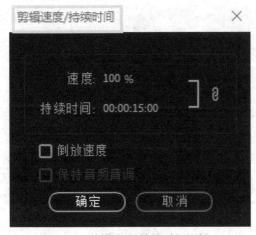

图 1-69　剪辑速度/持续时间面板

图 1-70　素材"荒漠"视频持续时间

七、链接

可以对音视频进行链接或解除链接。

例如，将素材"吃水果"导入软件，在序列中观察此时的音频与视频是链接在一起，如图 1-71 所示。单击"剪辑"菜单栏中"取消链接"命令（或使用键盘快捷键 Ctrl+L 键），如图 1-72 所示。

图 1-71　素材"吃水果"导入项目面板

图 1-72　"取消链接"命令

此时，素材的音频与视频将取消链接，可以单独对音频或视频进行编辑，如图 1-73 所示。如果需要将音频与视频链接，单击"剪辑"菜单栏中"链接"命令，如图 1-74 所示。

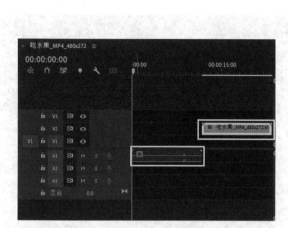

图 1-73　音频与视频取消链接　　　　　　　图 1-74　链接命令

八、编组与取消编组

若要对多个素材同时进行编辑，可先对素材进行编组后再编辑。编组后也可以取消编组，重新对某个素材进行编辑。

例如，将素材"荒漠"与"船头"导入序列之中进行编辑，可以在"时间线"面板中选择两个素材，如图 1-75 所示。单击"剪辑"菜单栏中"编组"命令，如图 1-76 所示。

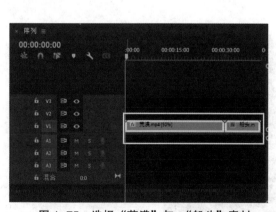

图 1-75　选择"荒漠"与"船头"素材　　　　图 1-76　"编组"命令

此时可以对素材"荒漠"与"船头"一起进行操作。也可以单击菜单"剪辑""取消编组"命令（或使用键盘快捷键 Ctrl+G 键），如图 1-77 所示。在"时间线"面板中素材"荒漠"与"船头"将恢复成单独的素材进行编。需要注意的是"链接"命令与"编组"命令十分相似，但是两者也有不同之处。

"链接"是只能链接不同轨道上的素材，不能链接相同轨道上的素材，才能够在链接的素材上统一使用特效；"编组"无论素材是否在同一轨道都可进行编组，但是不能在编组的素材统一使用特效，若要使用特效，需要先取消编组，如图1-78所示。

图1-77　取消编组

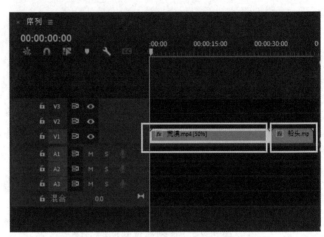

图1-78　独立的两个素材

九、嵌套

嵌套是将多个素材组合成新的序列，再进行统一编辑。双击嵌套还能将其打开，单独对素材进行编辑，是一种编辑视频时常用的操作。

例如，将素材"荒漠"与"船头"导入序列之中进行编辑，如图1-79所示。单击"剪辑"菜单栏中"嵌套"命令，如图1-80所示。

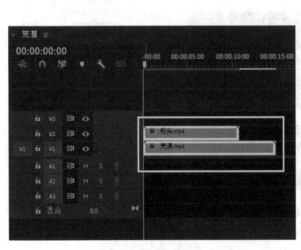

图1-79　导入素材

图1-80　"嵌套"命令

弹出"嵌套序列名称"对话框，可在"名称"中对嵌套进行命名，确认后单击"确定"，如图1-81所示。若要对嵌套素材进行单独编辑，可双击"嵌套序列"，如图1-82所示。

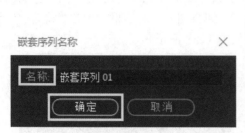

图1-81　嵌套序列名称

图1-82　单独编辑嵌套素材

"时间线"面板出现"嵌套序列01"标签，素材也单独显示出来，如图1-83所示。此时便可对素材进行编辑，如图1-84所示。

图1-83　嵌套序列01

图1-84　编辑素材

十、创建新项目

在视频剪辑过程中，除了使用采集和导入素材的方法增添图层，还可以使用内置的命令创建新项目对素材进行编辑，从而简化工作流程，提高工作效率。这些"新建项目"包含"调整图层""彩条""黑场视频""颜色遮罩""HD彩条""通用倒计时片头""透明视频"等，可以通过单击菜单"文件→新建"命令中选择这些新项目，如图1-85所示。也可以在"项目"面板中，单击鼠标右键在弹出的菜单中选择"新建项目"，再在弹出菜单中选择新项目，如图1-86所示。

图1-85　"新建"命令

图1-86　鼠标右键弹出的菜单

　　1. 调整图层。在调整图层上使用的效果，能够影响"时间线"面板中位于其下的所有图层。即可在一个调整图层上使用效果组合，也可以使用多个调整图层控制更多效果。

　　例如，打开"调整图层"文件，在"项目"面板空白处单击鼠标右键，在弹出的对话框中选择"调整图层"，如图 1-87 所示。在弹出的"调整图层"对话框中单击"确定"（"调整图层"对话框的属性数值默认与序列相同），如图 1-88 所示。

图 1-87　选择调整图层　　　　　　　　图 1-88　"调整图层"对话框

　　将"项目"面板中的"调整图层"拖至"时间线"面板的"视频轨道 V3"层，如图 1-89 所示。鼠标右键单击"调整图层"，在弹出的对话框中选择"速度/持续时间"，如图 1-90 所示。在"速度/持续时间"面板"持续时间"输入"00:00:21:16"，如图 1-91 所示。

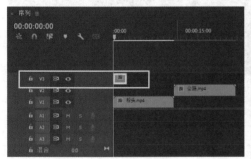

图 1-89　拖至"视频轨道 V3"图层　　图 1-90　速度/持续时间　　图 1-91　持续时间

　　选择"项目"面板"效果"栏中选择"视频效果→扭曲→波形变形"，如图 1-92 所示。将"波形变形"效果拖至"时间线"面板的"调整图层"中，如图 1-93 所示。

图 1-92　选择"波形变形"效果　　　　图 1-93　拖至"调整图层"

在"节目监视器"面板中观察素材效果,如图 1-94 所示。拖动"时间线指针"至"公路"素材上方,观察素材变化。在调整图层影响之下,"船头"与"公路"都显示"波形变形"效果,如图 1-95 所示。

图 1-94 素材效果　　　　　　　　图 1-95 "波形变形"效果

2. 彩条。通常用于素材起始位置,也可用于素材之间的过渡,同时也有校色作用。

例如,在"项目"面板空白处单击鼠标右键,在弹出的对话框中选择"彩条",如图 1-96 所示。在弹出的"新建彩条"对话框中单击"确定"("新建彩条"对话框的属性数值默认与序列相同),如图 1-97 所示。

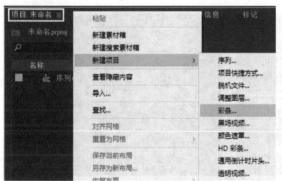

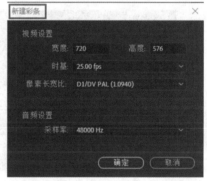

图 1-96 "彩条"菜单　　　　　　　　图 1-97 "新建彩条"对话框

将"项目"面板中的"彩条"拖至"时间线"面板中,可以观察到"彩条"中包含"视频"与"音频",如图 1-98 所示。在"节目监视器"面板中观察效果,如图 1-99 所示。

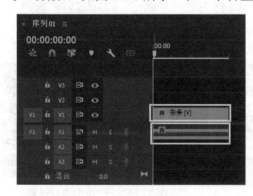

图 1-98 音视频　　　　　　　　图 1-99 "彩条"效果

3. 黑场视频。与彩条类似，黑场视频也通常用于素材起始位置，或是用于素材与素材之间的过渡。

例如，在"项目"面板空白处单击鼠标右键，在弹出的对话框中选择"黑场视频"，如图 1-100 所示。在弹出的"新建黑场视频"对话框中单击"确定"（"新建黑场视频"对话框的属性数值默认与序列相同），如图 1-101 所示。

图 1-100　选择黑场视频　　　　　　　　图 1-101　黑场视频对话框

将"项目"面板中的"黑场视频"拖至"时间线"面板中，如图 1-102 所示。在"节目监视器"面板中观察效果，如图 1-103 所示。

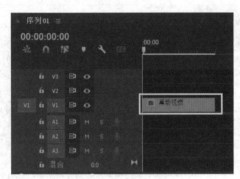

图 1-102　拖至"时间线"面板　　　　　图 1-103　"黑场视频"效果

4. 颜色遮罩。即纯色的图层，可以用做背景使用。

例如，在"项目"面板空白处单击鼠标右键，在弹出的对话框中选择"颜色遮罩"，如图 1-104 所示。在弹出的"新建颜色遮罩"对话框中单击"确定"（"新建颜色遮罩"对话框的属性数值默认与序列相同），如图 1-105 所示。

图 1-104　选择"颜色遮罩"　　　　　　图 1-105　颜色遮罩对话框

在弹出"选择名称"对话框，可以创建遮罩的名称，完成后单击确定，如图 1-106 所示。在弹出"拾色器"对话框，可以通过"圆环"选择颜色，或是在颜色模式中输入相应的颜色数值，完成后单击确定，如图 1-107 所示。

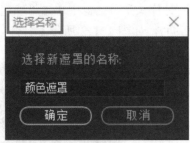

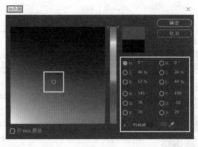

图 1-106　创建选择名称　　　　　　图 1-107　"拾色器"对话框

将"项目"面板中的"颜色遮罩"拖至"时间线"面板的"V2"层，如图 1-108 所示。将素材"公路"导入，拖至"时间线"面板的"V1"层，将素材长度与"颜色遮罩"调至相同，如图 1-109 所示。

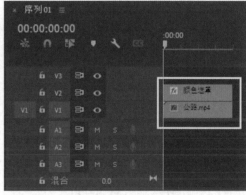

图 1-108　颜色遮罩　　　　　　　　图 1-109　素材公路

在"时间线"面板中选择"颜色遮罩"，在"效果控件→序列 01*颜色遮罩→不透明度→混合模式"中选择"色相"，如图 1-110 所示。在"节目监视器"面板中观察素材"公路"的对比效果，如图 1-111 所示。

图 1-110　效果控件　　　　　　　　图 1-111　效果对比

5. HD 彩条。与彩条类似，可参考彩条使用方法。

6. 通用倒计时片头。制作视频起始位置的倒计时效果。

例如，在"项目"面板空白处单击鼠标右键，在弹出的对话框中选择"通用倒计时片头"，如图 1-112 所示。在弹出的"新建通用倒计时片头"对话框中单击"确定"（"新建通用倒计时片头"对话框的属性数值默认与序列相同），如图 1-113 所示。

图 1-112　通用倒计时片头

图 1-113　新建通用倒计时片头

在弹出的"通用倒计时设置"对话框，如图 1-114 所示，可进行如下操作：

（1）"擦除颜色"设置圆形擦除区域颜色。

（2）"背景颜色"设置擦除颜色后的区域颜色。

（3）"线条颜色"设置水平和垂直线条的颜色。

（4）"目标颜色"设置数字周围两个圆环的颜色。

（5）"数字颜色"设置数字的颜色。

（6）"出点时提示音"勾选后，在片头的最后一帧中显示提示圈。

（7）"倒数 2 秒提示音"勾选后，设置倒数第二秒处标记播放提示音。

（8）"在每秒都响提示音"勾选后，设置倒数时候播放提示音。

（9）"预览"显示设置后的效果。

在"擦除颜色"输入"FF0000"，"背景颜色"输入"D2FF00"，"线条颜色"输入"00FF30"，"目标颜色"输入"0030FF"，"数字颜色"输入"57004E"，"出点时提示音"不勾选，"倒数 2 秒提示音"不勾选，"在每秒都响提示音"勾选，如图 1-115 所示。

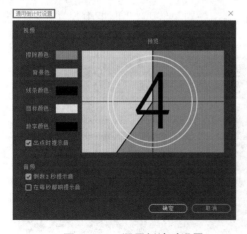

图 1-114　通用倒计时设置

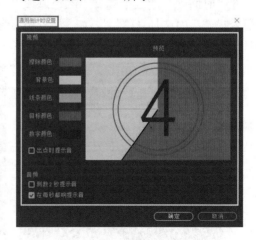

图 1-115　倒计时效果

在"项目"模板中将"通用倒计时片头"拖动至"时间线"面板中，如图 1-116 所示。在"节目监视器"面板中观察素材倒计时片头效果，如图 1-117 所示。

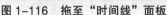

图 1-116　拖至"时间线"面板　　　　　　　　　图 1-117　片头效果

7. 透明视频。在生成图像同时其余位置保留透明的效果，即完全透明的图层，所以只适于具有 Alpha 通道的效果。如时间码效果、闪电效果、网格效果等。

例如，在"项目"面板空白处单击鼠标右键，在弹出的对话框中选择"透明视频"，如图 1-118 所示。在弹出的"新建透明通道"对话框中单击"确定"（"新建透明通道"对话框的属性数值默认与序列相同），如图 1-119 所示。

图 1-118　透明视频　　　　　　　　图 1-119　新建透明视频对话框

将素材"公路"导入项目面板，拖至"时间线"面板的"V1"层，将"透明视频"拖至"时间线"面板的"V2"层，如图 1-120 所示。选择"项目"面板中的"效果→视频效果→生成→网格"效果，如图 1-121 所示。

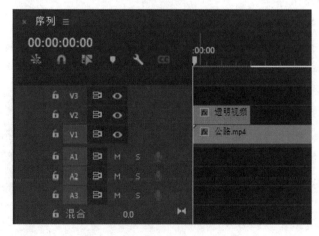

图 1-120　拖至"时间线"面板　　　　　　　　图 1-121　"网格"效果

将"网格"效果拖至"时间线"面板的"透明视频"中，在"效果控件→序列 01*透明视频→不透明度"的"混合模式"选择"颜色"，"网格"效果中选择"颜色"输入"FF0000"，如图 1-122 所示。在"节目监视器"面板中观察透明视频效果，如图 1-123 所示。

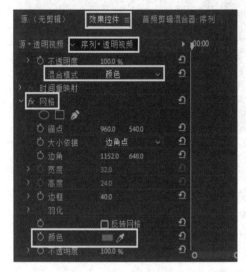

图 1-122　效果控件　　　　　　　　　　　图 1-123　透明视频效果

十一、源监视器与节目监视器

1. 相似与区别。"源监视器"面板与"节目监视器"面板有许多相似之处，不仅可以在剪辑过程中预览作品，还可以用于精确编辑和修整素材，两个监视器也都各有一个"时间线"面板，以用于编辑素材的图标按键。在两个监视器中，"播放指示器"（蓝色三角指针）指示当前帧的位置，如图 1-124、1-125 所示。

（1）"时间码"显示当前帧的时间码。

（2）"时间线"显示素材或序列的持续时间长度，可以通过各种图标，在时间线上标记，以及对出入点的位置进行调整。

（3）"缩放选项"选择素材的显示比例。

（4）"拖动视频"在此图标上按住鼠标左键可以移动视频。

（5）"拖动音频"在此图标上按住鼠标左键可以移动音频。

（6）"回放分辨率"选择分辨率显示的大小。

（7）"设置按钮"选择监视器中的命令。

（8）"出入点持续时间"显示出点与入点的时间长度。

但是两者也有区别，"源监视器"主要编辑未放入序列的素材，例如设置出入点，指定剪辑的音视频，插入剪辑标记。"节目监视器"主要编辑已经放置在"时间线"面板上的素材，可以设置序列标记出入点，增减或移除关键帧的位置。

图 1-124　源监视器　　　　　　　　　　图 1-125　节目监视器

2. 监视器面板的按钮设置。源监视器面板和节目监视器的面板中，图标按键十分相似，且功能基本一致。使用源监视器图标按键可以播放并编辑素材，如图 1-126 所示。使用节目监视器图标按键可以播放并编辑当前序列的素材，如图 1-127 所示。

图 1-126　源监视器图标按键

图 1-127　节目监视器图标按键

　　单击"源监视器"面板中"按钮编辑器"弹出"按钮编辑器"面板，出现更多的编辑工具，使用鼠标将需要的工具拖至源监视器面板的工具栏中，如图 1-128 所示。单击"节目监视器"面板中"按钮编辑器"弹出"按钮编辑器"面板，出现更多的编辑工具，使用鼠标将需要的工具拖至节目监视器面板的工具栏中，如图 1-129 所示。通过对比可以发现，两个监视器的按钮编辑器的图标有许多相似之处，节目监视器按钮略多于源监视器按钮，本教材以节目监视器为代表，介绍这些按钮的作用（部分按钮在之前章节有过介绍，这里就不再重复讲解）。

 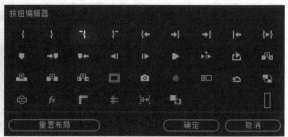

图 1-128　源监视器按钮编辑器　　　图 1-129　节目监视器按钮编辑器

（1）"清除入点" 删除入点标记。

（2）"清除出点" 删除出点标记。

（3）"转到下一个编辑点" 时间指示器跳转到下一个视频编辑的位置。

（4）"转到上一个编辑点" 时间指示器跳转到上一个视频编辑的位置。

（5）"从入点到出点播放视频" 播放从入点到出点这段时间的视频内容。

（6）"转到下一标记点" 时间指示器跳转到下一个标记点的位置。

（7）"转到上一标记点" 时间指示器跳转到上一个标记点的位置。

（8）"播放邻近区域" 只是播放时间指示器附近的素材。

（9）"循环播放" 对素材进行循环播放（使用时先单击"循环播放"再单击"播放"）。

（10）"覆盖" 将选择的素材覆盖到播放时间指示器所处位置。

（11）"安全边距" 显示动作安全区域（外框）和字幕安全区域（内框）。

（12）"多机位录制开/关" 开启或关闭多机位的使用。

（13）"切换多机位试图" 显示多机位的视角。

（14）"还原裁剪会话" 恢复被裁剪过的素材。

（15）"切换代理" 在大容量文件与小容量文件之间转换。

（16）"切换 VR 视频显示" 开启或关闭视频的 VR 显示效果。

（17）"全局 FX 静音" 关闭调色的效果。

（18）"显示标尺" 激活 X 轴和 Y 轴的标尺显示。

（19）"在节目监视器中对齐" 激活 X 轴 Y 轴的辅助线。

（20）"比较视图" 比较对视频剪辑所做的更改。

技能点三　关键帧动画

关键帧动画，顾名思义就是表示关键状态的帧动画。这关键的一帧动画决定整体动画的变化转折。动画要表现"动"的效果离不开关键帧，而关键帧至少需要创建两个，在不同时间点的关键帧设置不同的数值，在视频播放过程中产生运动或变化，其余中间状态的运动或变化计算机可以自动计算完成。

一、创建关键帧

在 Premiere 中带有"切换动画"图标 ⏱ 的属性都可以进行关键帧创建。首先在"时间线"面板中选择需要创建关键帧的素材，然后将"时间指针"移动到需要创建关键帧的位置，在效果控件面板中，单击需要创建关键帧属性的图标 ⏱，创建完成后图标 ⏱ 呈蓝色显示。此时再将"时间指针"移动到需要创建关键帧的位置，调整此属性的数值或单击"添加/移除关键帧"图标 ◀ ◆ ▶ （完成后图标呈蓝色显示），即可完成两个关键帧的创建。

例如，可以对"效果控件"面板中的位置、缩放、旋转、不透明度等属性进行关键帧的创建，如图 1-130 所示。将素材"风光"导入到"时间线"面板，单击鼠标右键，在弹出的对话框中选择"设为帧大小"，同时将"时间指针"拖至"0 帧"位置，如图 1-131 所示。

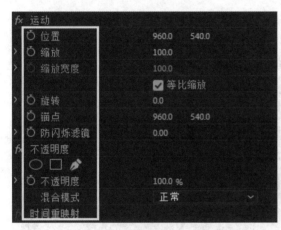

图 1-130　效果控件面板

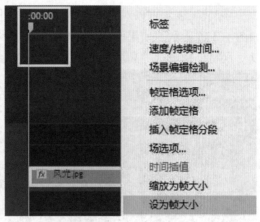

图 1-131　设为帧大小

在"效果控件"面板中单击"位置"图标 ⏱，如图 1-132 所示。在"时间线"面板中，将"时间指针"拖至"2 秒"位置，如图 1-133 所示。

图 1-132　位置

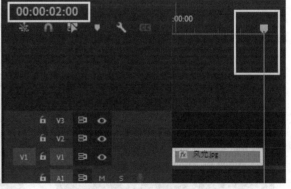

图 1-133　时间指针拖至 2 秒

在"效果控件"面板"位置"的"X 轴"输入 1500，"Y 轴"输入 0，如图 1-134 所示。播放观察素材的位置关键帧动画效果，如图 1-135 所示。

图 1-134　位置数值设置

图 1-135　位置关键帧动画效果

　　"缩放"表示可以对素材所在画面的大小进行设置，后方数值代表素材的等比例缩放，如图 1-136 所示。如果不勾选"等比缩放"，"缩放"会显示"缩放高度""缩放宽度"，可以对素材分别进行"高度"或"宽度"的缩放，如图 1-137 所示。

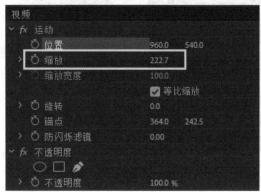

图 1-136　缩放

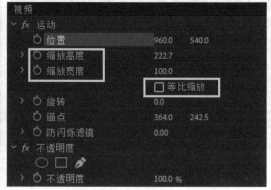

图 1-137　缩放高度或宽度

　　将素材"湖光"导入到"时间线"面板，单击鼠标右键，在弹出的对话框中选择"设为帧大小"，同时将"时间指针"拖至"0 帧"位置。在"效果控件"面板中单击"缩放"的"切换动画"，输入"180"如图 1-138 所示。在"时间线"面板中，将"时间指针"拖至"2 秒"位置，如图 1-139 所示。

图 1-138　设置缩放数值

图 1-139　时间指针设置

　　在"效果控件"面板"缩放"输入"100"，如图 1-140 所示。播放动画观察素材的缩放关键帧动画效果，如图 1-141 所示。

图 1-140　缩放数值设置

图 1-141　缩放关键帧动画效果

"旋转"表示可以对素材在画面的角度进行设置，后方数值代表素材转动的角度度数，如图 1-142 所示。将素材"草原"导入到"时间线"面板，单击鼠标右键，在弹出的对话框中选择"设为帧大小"，同时将"时间指针"拖至"0 帧"位置。在"效果控件"面板中单击"旋转"图标，如图 1-143 所示。

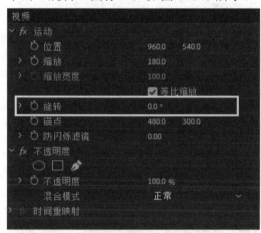

图 1-142　旋转

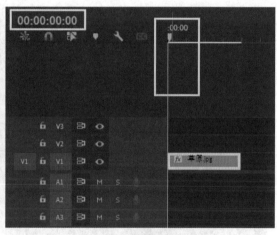

图 1-143　时间指针设置

在"时间线"面板中，将"时间指针"拖至"2 秒"位置。在"效果控件"面板中"旋转"输入"999"（数值显示"2*279"），如图 1-144 所示。播放动画观察素材的旋转关键帧动画效果，如图 1-145 所示。

图 1-144　旋转数值设置

图 1-145　旋转关键帧动画效果

"不透明度"可以对素材在画面的透明程度进行设置，后方数值代表素材透明度的大小，如图 1-146 所示。将素材"雪景"导入到"时间线"面板，单击鼠标右键，在弹出的对话框中选择"设为帧大小"，同时将"时间指针"拖至"0 帧"位置，如图 1-147 所示。

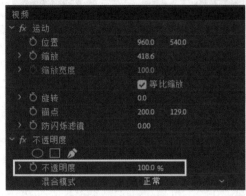

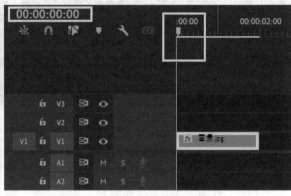

图 1-146　不透明度　　　　　　　　　　　　图 1-147　时间指针设置

在"效果控件"面板中单击"不透明度"的图标 🕐，在"时间线"面板中，将"时间指针"拖至"2 秒"位置，如图 1-148 所示。在"效果控件"面板中"不透明度"输入"0"，如图 1-149 所示。播放动画观察素材的旋转关键帧动画效果，如图 1-150 所示。

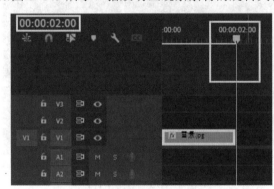

图 1-148　"时间指针"设置　　　　　　　　图 1-149　不透明度参数设置

播放动画观察素材的不透明度关键帧动画效果，如图 1-3-21 所示。

图 1-150　不透明度动画

二、设置关键帧

在对关键帧进行创建后，在后续的视频编辑过程中，还可以对关键帧进行进一步的设置，例如，移动、添加、删除、复制、粘贴、显示等设置，从而提高工作效率。

1. 移动关键帧。对关键帧的位置进行移动，可以调节动画节奏的快慢舒缓。

例如，打开"设置关键帧"文件，播放动画观察效果，如图 1-151 所示。单击"效果面板"，观察"位置"属性的关键帧，在"0 帧"与"5 秒"位置分别创建有关键帧，如图 1-152 所示。

图 1-151　设置关键帧文件　　　　　　　　　　图 1-152　创建关键帧

在"效果面板"中，单击"5 秒"的关键帧，按住鼠标左键将其拖至到"2 秒"，如图 1-153 所示。播放动画可以观察到动画运动速度明显变快，如图 1-154 所示。

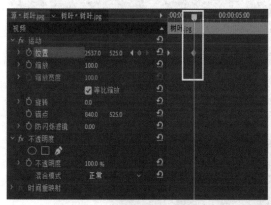

图 1-153　关键帧拖至 2 秒位置　　　　　　　　图 1-154　动画变快

在"效果面板"中，单击"5 秒"的关键帧，按住鼠标左键将其拖至到"10 秒"，如图 1-155 所示。播放动画可以观察到动画运动速度明显变慢，如图 1-156 所示。

图 1-155　关键帧拖至 10 秒位置　　　　图 1-156　动画变慢

2. 添加/移除关键帧。通过"添加/移除"命令，增添关键帧或删除关键帧。

例如，打开"设置关键帧"文件，在"效果面板"中观察"位置"属性的关键帧，将"时间指针"拖动至"7 秒"，如图 1-157 所示。直接改变"位置"属性数值，在"X 轴"输入"2600"、"Y 轴"输入"600"，观察在"7 秒"上创建的关键帧，如图 1-158 所示。

图 1-157　时间指针位置　　　　　　　图 1-158　创建关键帧

也可以单击"添加/移除"按钮创建关键帧（若在最后一个关键帧的后方继续创建关键帧，单击"添加/移除"按钮创建出的关键帧数值与最后一个关键帧数值相同；若在两个关键帧之间，单击"添加/移除"按钮创建关键帧，其关键数值将自动生成），如图 1-159 所示。

图 1-159　添加/移除按钮创建关键帧

对于多余关键帧的删除，可以单击多余关键帧后，点击键盘"Delete"键，如图 1-160 所示。或单击多余关键帧后，单击"添加/移除"按钮也可以删除关键帧，如图 1-161 所示。

图 1-160　删除关键帧　　　　　　　图 1-161　添加/移除按钮删除关键帧

3. 复制与粘贴关键帧。如果需要创建相同关键帧，可以对某个关键帧进行复制粘贴。打开"设置关键帧"文件，在"效果面板"中单击"5 秒"关键帧，第一种，单击鼠标右键，在弹出的对话框中选择"复制"，如图 1-162 所示。将"时间指针"拖动至"7秒"，单击鼠标右键，在弹出的对话框中选择"粘贴"，关键帧复制完成，如图 1-163 所示。

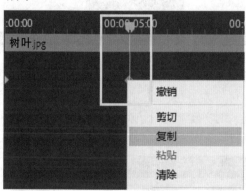 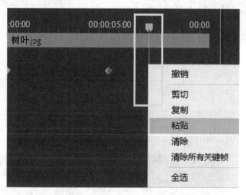

图 1-162　复制关键帧　　　　　　　　图 1-163　粘贴关键帧

第二种，按住键盘"Alt"键，鼠标左键选择关键帧，如图 1-164 所示。使用鼠标将其拖至"7 秒"，关键帧复制完成，如图 1-165 所示。

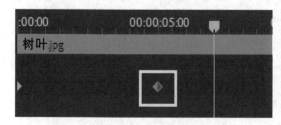 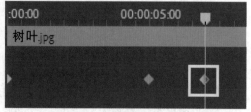

图 1-164　选择关键帧　　　　　　　　图 1-165　拖动关键帧至 7 秒

第三种，在菜单栏中选择"编辑→复制"命令（或使用键盘快捷键 Ctrl+C 键），如图 1-166 所示。将"时间指针"拖动至"7 秒"，在菜单栏中选择"编辑→粘贴"命令（或使用键盘快捷键 Ctrl+V 键），关键帧复制完成，如图 1-167 所示。

编辑(E) 剪辑(C) 序列(S) 标记(M) 图形(G) 视图(V)	编辑(E) 剪辑(C) 序列(S) 标记(M) 图形(G) 视图(V)
撤消(U) Ctrl+Z	撤消(U) Ctrl+Z
重做(R) Ctrl+Shift+Z	重做(R) Ctrl+Shift+Z
剪切(T) Ctrl+X	剪切(T) Ctrl+X
复制(Y) Ctrl+C	复制(Y) Ctrl+C
粘贴(P) Ctrl+V	粘贴(P) Ctrl+V

图 1-166　复制　　　　　　　　　　　　　　图 1-167　粘贴

4. 时间线面板中调节关键帧。关键帧的调节除了在"控制面板"中，还可以在"时间线面板"中进行。例如，在"时间线面板"先确定关键帧的类型。可在素材上单击鼠标右键，在弹出的对话框中选择"显示剪辑关键帧→运动→位置"，如图 1-168 所示。或在素材的"*fx*"上单击鼠标右键，在弹出的对话框中选择"运动→位置"，如图 1-169 所示。

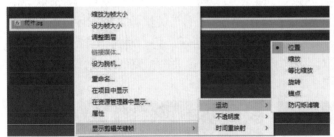
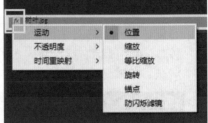

图 1-168　位置对话框　　　　　　　　　　　图 1-169　fx 对话框

此时，在素材上将显示关键帧。若无显示可将素材层向上方拖动，使图层变宽即可显示出关键帧，如图 1-170 所示。根据属性不同，对关键帧上下拖动增减属性数值，左右拖动改变时间位置，如图 1-171 所示。

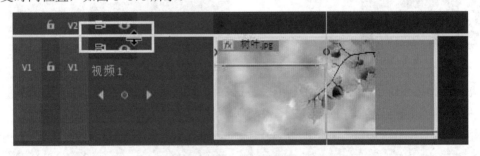

图 1-170　拖动素材层

图 1-171　拖动关键帧

三、关键帧插值

关键帧插值是指两个关键帧之间的动画快慢等状态。

关键帧插值包含"临时插值"和"空间插值"两种类型。

"临时插值"用于控制关键帧在时间线上的变化状态，如素材的匀速运动和变速运动。在"效果控件"面板选择关键帧，单击鼠标右键，在弹出的对话框中选择"临时插值"，其中"临时插值"包含："线性""贝塞尔曲线""自动贝塞尔曲线""连续贝塞尔曲线""定格""缓入""缓出"，如图 1-172 所示。

"空间插值"用于控制关键帧在空间中的变化状态，如素材的直线运动和曲线运动。在"效果控件"面板选择关键帧，单击鼠标右键，在弹出的对话框中选择"空间插值"，其中"空间插值"包含："线性""贝塞尔曲线""自动贝塞尔曲线""连续贝塞尔曲线"，如图 1-173 所示。

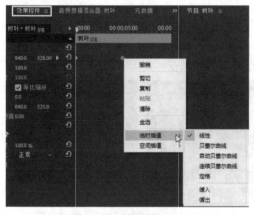
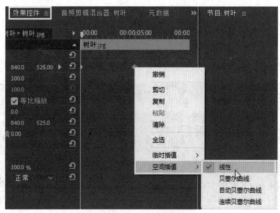

图 1-172　临时插值　　　　　　　　　　　　图 1-173　空间插值

"线性"为关键帧之间的匀速状态，素材的动画运动效果平缓，如图 1-174 所示。"贝塞尔曲线"可创建非常平滑的动画效果，可以在单独调节关键帧左右任何一侧的手柄（不会影响另一侧手柄变化），从而精确调整曲线的变化，如图 1-175 所示。

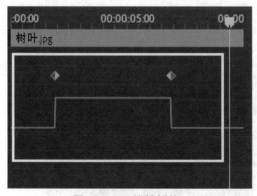
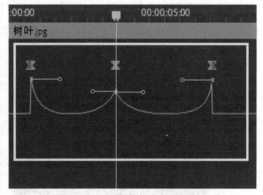

图 1-174　线性插值　　　　　　　　　　　　图 1-175　贝塞尔曲线插值

"自动贝塞尔曲线"可以自动创建平滑的曲线变化，更改关键帧的值时，当对"自动贝塞尔曲线"手柄进行调节，它会自动转换成"贝塞尔曲线"用于维持关键帧之间的平滑过渡，如图 1-176 所示。"连续贝塞尔曲线"可以创建关键帧的平滑变化速率，"连续贝塞尔曲线"手柄始终在一条线上，当调节一侧手柄时，另一侧的手柄也相应变化以维持平滑过渡，如图 1-177 所示。

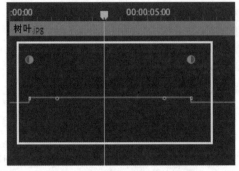

图 1-176　自动贝塞尔曲线插值

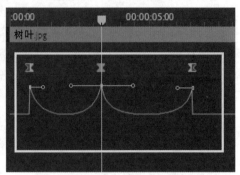

图 1-177　连续贝塞尔曲线插值

"定格"可以更改属性值且不产生渐变过渡，也就是当动画播放到该帧时候，还保持前一个关键帧的动画效果，如图 1-178 所示。"缓入"为逐渐减慢进入下一个关键帧的动画运动，如图 1-179 所示。"缓出"逐渐加快离开上一个关键帧的动画运动，如图 1-180 所示。

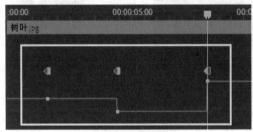

图 1-178　定格插值

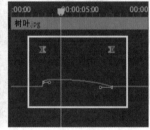

图 1-179　缓入插值

图 1-180　缓出插值

在制作过程中仅依靠创建关键帧是不够的，特别是在动画运动效果微调的情况下，对动画曲线的调节就十分关键了。例如，常见的"先快后慢"效果、"先慢后快"效果、"慢快慢"效果、"快慢快"效果等，都需要对动画曲线进行调节。

导入"设置关键帧"文件，调节"先快后慢"效果。选择"时间线"面板中的素材，单击"效果控件"面板的"位置"，如图 1-181 所示。单击关键帧将动画曲线调节成前高后低的形状（第一个手柄短，第二个手柄长），如图 1-182 所示。

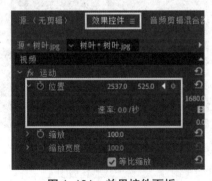

图 1-181　效果控件面板

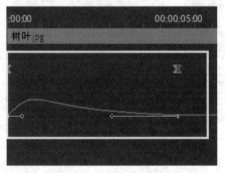

图 1-182　先快后慢效果

如果要调节"先慢后快"效果，则单击关键帧将动画曲线调节成前低后高的形状（第一个手柄长，第二个手柄短），如图 1-183 所示。如果要调节"慢快慢"效果。单击关键帧将动画曲线调节成两边低中间高的形状（第一个手柄长，第二个手柄长），如图 1-184 所示。

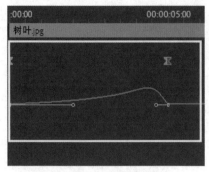
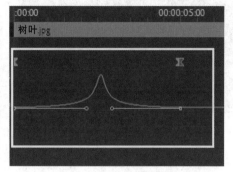

图 1-183　先慢后快效果　　　　　　　　图 1-184　慢快慢效果

如果要调节"快慢快"效果，则需要在中间位置再创建一个关键帧，如图 1-185 所示。单击关键帧将动画曲线调节成两边高中间低的形状（第一个手柄短，第二个手柄长，第三个手柄短），如图 1-186 所示。

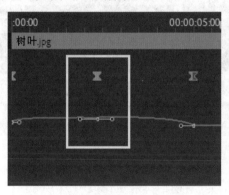
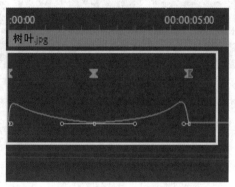

图 1-185　创建关键帧　　　　　　　　　图 1-186　快慢快效果

技能点四　渲染与输出

在视频编辑过程中或完成后，需要对其进行渲染、输出等操作，可以提高工作效率、生成常见格式，方便观看、保存、传输。

一、渲染

1. 渲染线。在"时间线"面板中有一条"渲染线"，可以显示渲染的状态。"渲染线"可以显示"绿色""黄色""红色"三种颜色，如图 1-187 所示。

（1）呈"红色"显示，表示需要渲染后才能正常播放，否则将会出现卡顿等现象。

（2）呈"黄色"显示，表示无须渲染即能正常播放视频，但可能会有卡顿现象。

（3）呈"绿色"显示，表示播放时会非常流畅。

通常"渲染"视频，单击"菜单→序列"将弹出渲染相关的命令，如图 1-188 所示。

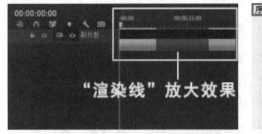

图 1-187　渲染线　　　　　　　　　　　　图 1-188　渲染相关命令

2. 渲染入点到出点的效果。"渲染入点到出点的效果"因增添渲染效果而导致视频变卡顿的视频素材（或使用键盘快捷键 Enter 键），如图 1-189 所示。渲染完成后的"渲染线"效果，如图 1-190 所示。

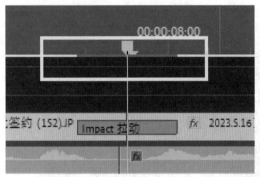
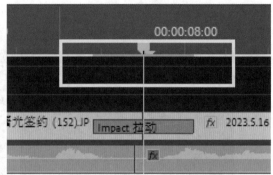

图 1-189　渲染前效果　　　　　　　　　　图 1-190　渲染后效果

"渲染入点到出点"可以渲染入点到出点的完整视频片段，如图 1-191 所示。渲染完成后的"渲染线"效果，如图 1-192 所示。

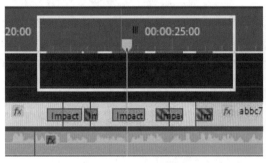

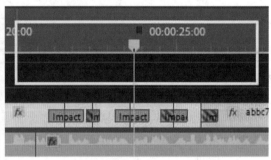

图 1-191　渲染前效果　　　　　　　　　　图 1-192　渲染后效果

（1）"渲染选择项"渲染在"时间线"面板上选中部分视频。

（2）"渲染音频"渲染位于工作区域内的音频文件。

（3）"删除渲染文件"可删除一个序列的所有渲染文件，如图 1-193 所示。

（4）"删除入点到出点的渲染文件"可以删除入点到出点这范围内的渲染文件，如图 1-

194 所示。

图 1-193　删除所有渲染文件　　　　　**图 1-194　删除入点到出点的渲染文件**

二、导出

视频导出就是对视频进行类型、格式、属性等设置，将其导出成常见的格式，以便于观看、保存、传播。通常视频导出选择"菜单→导出→媒体"（或使用键盘快捷键 Ctrl+M 键），如图 1-195 所示。弹出"导出设置"对话框，可以对输出的视频进行格式、质量等设置，由"源""输出""导出设置"三部分组成，如图 1-196 所示。

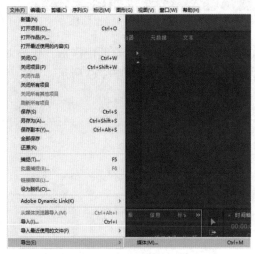

图 1-195　媒体菜单　　　　　　　　　　**图 1-196　导出设置**

1. "源"设置。选择"源"面板，可以对文件进行裁剪设置，如图 1-197 所示。

（1）"左侧"设置左侧裁剪的大小。

（2）"顶部"设置顶部裁剪的大小。

（3）"右侧"设置右侧裁剪的大小。

（4）"底部"设置底部裁剪的大小。

（5）"裁剪比例"可以选择裁剪的比例。

（6）"设置入点/出点"  可以设置文件输出的起始时间位置或结束时间位置。

（7）"选择缩放级别" 适合 ∨ 可以选择视频在该窗口显示的比例。

（8）"长宽比较正" ↹ 可以对输出视频的长宽比进行校正。

（9）"源范围"可以选择输出的文件范围。

2. "输出"设置。选择"输出"面板，"原缩放"可以选择输出文件的缩放类型，如图 1-198 所示。

图 1-197　源面板

图 1-198　输出面板

3. "导出设置"设置。选择"导出设置"面板，勾选"与序列设置匹配"后，仅能对输出文件的属性与序列进行匹配，且不能对其他属性进行设置，如图 1-199 所示。

（1）"格式"选择输出文件格式。

（2）"预设"选择格式所对应的编码配置。

① "保存预设"![图标]保存当前参数的预设。

② "导入预设"![图标]可导入保存的预设参数文件。

③ "删除"![图标]删除当前的预设方案。

（3）"注释"对输入文本进行注释。

（4）"输出名称"对输出文件进行命名及设置保存路径。

（5）"导出视频"勾选后，可输出视频。

（6）"导出音频"勾选后，可输出音频。

任务实施下方是"扩展属性"面板，通常使用默认选项即可，如图 1-200 所示。

图 1-199　导出设置

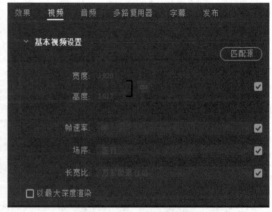

图 1-200　扩展属性面板

读者通过以上的学习，可以了解视频剪辑的基础知识及使用方法。为了巩固所学知识，请通过以下几个步骤，使用视频制作相关技能制作"绿色能源电动拖拉机"，效果如图 1-201 所示。

图 1-201　效果图

第一步：打开软件，单击菜单"文件→新建→项目"命令，如图 1-202 所示。在弹出"新建项目"对话框的"名称"输入"绿色能源电动拖拉机"，"位置"选择相应的存储路径，如图 1-203 所示。

文件(F)　编辑(E)　剪辑(C)　序列(S)　标记(M)　图形(G)　视图(V)　窗口(W)　帮助(H)		
新建(N)	＞	项目(P)...	Ctrl+Alt+N
打开项目(O)...	Ctrl+O	作品(R)...	
打开作品(P)...		序列(S)...	Ctrl+N
打开最近使用的内容(E)	＞	来自剪辑的序列	

图 1-202　新建项目命令

图 1-203　输入项目名称

第二步：将素材"车轮""拖拉机""电桩""夜景""背景"导入，如图 1-204 所示。可以将素材"背景"直接拖入到"时间线面板"，自动生成一个名称叫"背景"的序列，如图 1-205 所示。

图 1-204　导入素材

图 1-205　素材拖入时间线面板

第三步：此时导入素材是 5 个，而视频层只有 3 条，所需要增添视频层。在视频层前方空白位置，单击鼠标右键弹出对话框，单击"添加单个轨道"（只增添一条视频轨道），如图 1-206 所示。观察"时间线"面板，增添一条"视频轨道 4"，如图 1-207 所示。

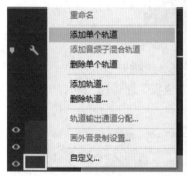
图 1-206　添加单个轨道对话框

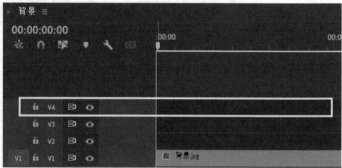
图 1-207　增添视频轨道

第四步：若要删除"视频轨道 4"，在其前方空白位置，单击鼠标右键弹出对话框，单击"删除单个轨道"（只删除一条视频轨道），如图 1-208 所示。观察"时间线"面板，"视频轨道 4"已经被删除，如图 1-209 所示。

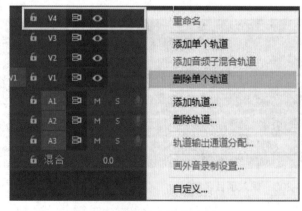
图 1-208　删除单个轨道对话框

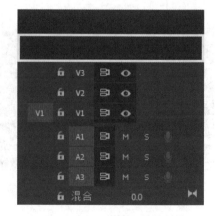
图 1-209　删除视频轨道

第五步：若要增添多条视频轨道，在其前方空白位置，单击鼠标右键弹出对话框，单击"添加轨道"，如图 1-210 所示。

　　弹出"添加轨道"对话框，在"添加：（）视频轨道"输入相应数字，可以批量增添视频轨道数量，如图 1-211 所示。

　　（1）"放置"选择增添的视频轨道的位置。

　　（2）"添加：（）音频轨道"输入相应数字，可以批量增添音频轨道数量。

　　（3）"放置"选择增添的音频轨道的位置。

　　（4）"轨道类型"选择轨道的类型，包含"标准""5.1""自适应""单声道"。

　　（5）"添加：（）音频子混合轨道"输入相应数字，可以批量增添音频子混合轨道数量。

　　（6）"放置"选择增添的音频子混合轨道的位置。

　　（7）"轨道类型"选择轨道的类型，包含"立体声""5.1""自适应""单声道"。本项目只需要增添视频轨道，所以只在"添加：（）视频轨道"输入"3"。

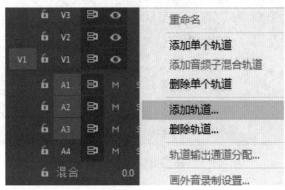

图 1-210　添加轨道对话框

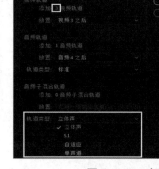

图 1-211　序列

　　第六步：此时"时间线"面板上共六条视频轨道，如图 1-212 所示。按照前后顺序分别将素材"夜景""电桩""拖拉机""车轮"拖入到"视频轨道 2""视频轨道 3""视频轨道 4""视频轨道 5"之中（将素材"车轮"再次拖入到"视频轨道 6"），如图 1-213 所示。

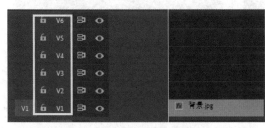
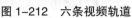

图 1-212　六条视频轨道

图 1-213　导入素材

　　第七步：在"时间线"面板中选择素材"夜景"，在"效果控件"面板"位置"输入"1800、340"，如图 1-214 所示。在节目监视器中观察素材"夜景"效果，如图 1-215 所示。

图 1-214　夜景数值设置

图 1-215　夜景效果

第八步：在"时间线"面板中选择素材"电桩"，在"效果控件"面板"位置"输入"3450、550"、"缩放"输入"150"，如图 1-216 所示。在节目监视器中观察素材"电桩"效果，如图 1-217 所示。

第九步：在"时间线"面板中选择素材"拖拉机"，在"效果控件"面板"位置"输入"3200、580"，"缩放"输入"80"，如图 1-218 所示。在节目监视器中观察素材"拖拉机"效果，如图 1-219 所示。

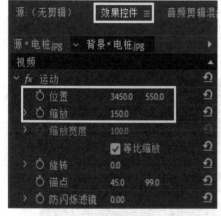

图 1-216　电桩数值设置

图 1-217　电桩效果

图 1-218　拖拉机数值设置

图 1-219　拖拉机效果

第十步：在"时间线"面板中选择"视频轨道 5"的素材"轮胎"，在"效果控件"面板"位置"输入"3310、685"，如图 1-220 所示。在"时间线"面板中选择"视频轨道 6"的素材"轮胎"，在"效果控件"面板"位置"输入"3065、700"，"缩放"输入"80"，如图 1-221 所示。在节目监视器中观察素材两个"轮胎"效果，如图 1-222 所示。

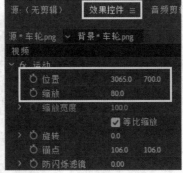

图 1-220　前轮轮胎位置　　　　图 1-221　后轮轮胎位置　　　　图 1-222　轮胎效果

第十一步：在"时间线"面板中将全部素材延长至"8 秒"位置，如图 1-223 所示。选择素材"夜景"，在"时间线"面板中将"时间指针"拖至"00:00:03:00"位置，在"效果控件"面板单击"不透明度"的"切换动画"按键，如图 1-224 所示。

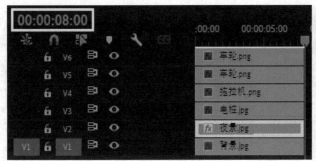

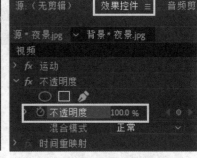

图 1-223　延长素材时间　　　　　　　　　图 1-224　不透明度 100%

第十二步：在"时间线"面板中将"时间指针"拖至"00:00:05:00"位置，如图 1-225 所示。选择素材"夜景"，在"效果控件"面板"不透明度"输入"0"，如图 1-226 所示。

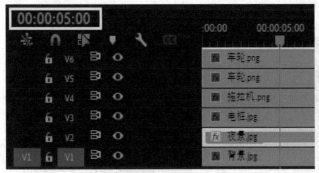
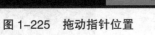

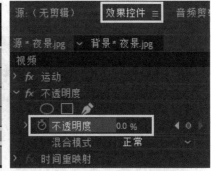

图 1-225　拖动指针位置　　　　　　　　　图 1-226　不透明度 0%

第十三步：在"时间线"面板中将"时间指针"拖至"00:00:03:00"位置，如图 1-227 所示。选择素材"电桩"，在"效果控件"面板单击"不透明度"的"切换动画"按键，如图 1-228 所示。

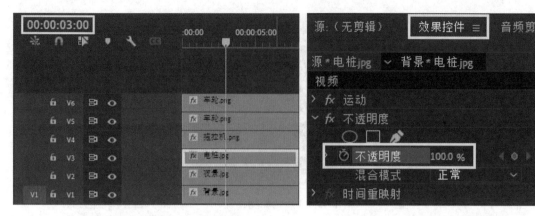

图 1-227　电桩时间指针位置　　　　　　　　　图 1-228　不透明度 100%

第十四步：在"时间线"面板中将"时间指针"拖至"00:00:05:00"位置，如图 1-229 所示。选择素材"电桩"，在"效果控件"面板"不透明度"输入"0"，如图 1-230 所示。

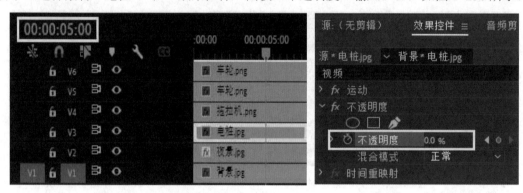

图 1-229　拖动指针位置　　　　　　　　　　图 1-230　不透明度 0%

第十五步：在"时间线"面板中将"时间指针"拖至"00:00:03:00"位置，如图 1-231 所示。选择素材"拖拉机"，在"效果控件"面板单击"位置"的"切换动画"按键，如图 1-232 所示。

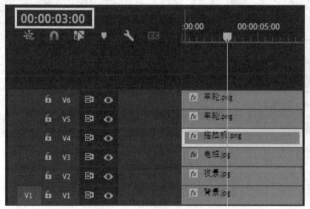

图 1-231　拖拉机时间指针位置　　　　　　　　图 1-232　拖拉机位置

第十六步：在"时间线"面板中将"时间指针"拖至"00:00:08:00"位置，如图1-233所示。选择素材"拖拉机"，在"效果控件"面板"位置"输入"340、580"，如图1-234所示。

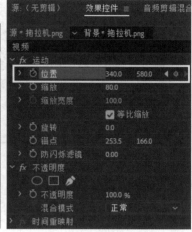

图1-233　拖动时间指针　　　　　　图1-234　位置数值设置

第十七步：在"时间线"面板中将"时间指针"拖至"3帧"位置，如图1-235所示。选择"视频轨道5"的素材"轮胎"，在"效果控件"面板单击"位置""旋转"的"切换动画"按键，如图1-236所示。

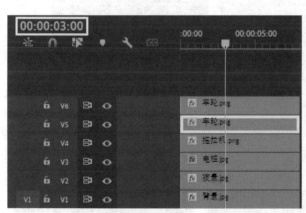

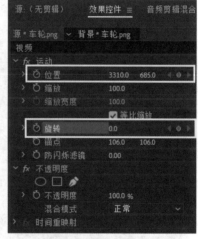

图1-235　车轮时间指针位置　　　　　　图1-236　旋转切换动画

第十八步：在"时间线"面板中将"时间指针"拖至"00:00:08:00"位置，如图1-237所示。选择"视频轨道5"的素材"轮胎"，在"效果控件"面板"位置"输入"430、685"、"旋转"输入"-5*0"，如图1-238所示。

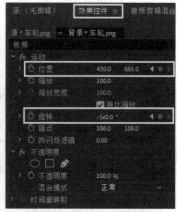

图 1-237　拖动时间指针位置　　　　　图 1-238　位置与旋转数值设置

第十九步：在"时间线"面板中将"时间指针"拖至"00:00:03:00"位置，如图 1-239 所示。选择"视频轨道 6"的素材"车轮"，在"效果控件"面板单击"位置""旋转"的"切换动画"，如图 1-240 所示。

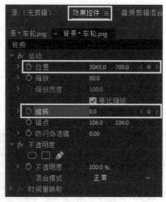

图 1-239　车轮时间指针位置　　　　　图 1-240　位置与旋转切换动画

第二十步：在"时间线"面板中将"时间指针"拖至"00:00:08:00"位置，如图 1-241 所示。选择"视频轨道 6"的素材"车轮"，在"效果控件"面板"位置"输入"170、700"、"旋转"输入"-5*0"，如图 1-242 所示。

图 1-241　车轮时间指针位置　　　　　图 1-242　位置与旋转数值设置

　　第二十一步：选择素材"夜景"，在"效果控件"面板"不透明度"的第一个关键帧上单击鼠标右键选择"缓出"，如图 1-243 所示。在"效果控件"面板"不透明度"的第二个关键帧上单击鼠标右键选择"缓入"，如图 1-244 所示。

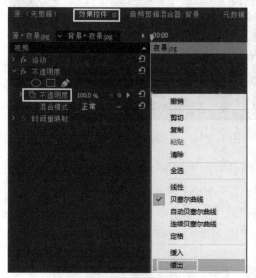

图 1-243　素材夜景缓出　　　　　　　图 1-244　素材夜景缓入

　　第二十二步：选择素材"电桩"，在"效果控件"面板"不透明度"的第一个关键帧上单击鼠标右键选择"缓出"，如图 1-245 所示。选择素材"拖拉机"，在"效果控件"面板"位置"的第一个关键帧上单击鼠标右键选择"临时插值→缓出"，如图 1-246 所示。

　　第二十三步：选择"视频轨道 5"的素材"车轮"，在"效果控件"面板"位置""旋转"的第一个关键帧上单击鼠标右键选择"临时插值→缓出"，如图 1-247 所示。选择"视频轨道 6"的素材"车轮"，在"效果控件"面板"位置""旋转"的第一个关键帧上单击鼠标右键选择"临时插值→缓出"，如图 1-248 所示。

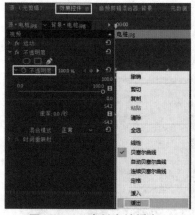
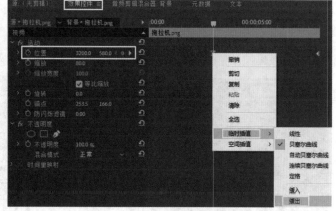

图 1-245　素材电桩缓出　　　　　　　图 1-246　素材拖拉机缓出

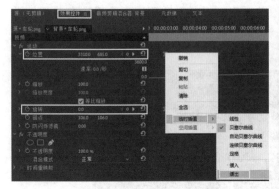
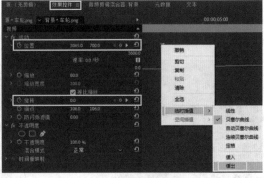

图 1-247　视频轨道 5 素材"车轮"缓出　　　　图 1-248　视频轨道 5 素材"车轮"缓出

第二十四步：在"时间线"面板中将"时间指针"放置"00:00:00:00"位置，单击素材"电桩"，选择"效果"面板"视频效果→风格化→Alpha 发光"，将"Alpha 发光"拖至素材"电桩"上，如图 1-249 所示。在"效果控件"面板中单击"Alpha 发光→发光"的"切换动画"，"起始颜色"输入"BDEDA0"，"结束颜色"输入"DDE9C4"，如图 1-250 所示。

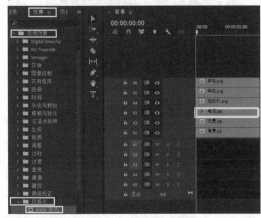
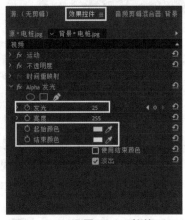

图 1-249　选择 Alpha 发光　　　　　　　图 1-250　设置 Alpha 数值

第二十五步：在"时间线"面板中将"时间指针"放置"00:00:00:10"位置，如图 1-251 所示。在"效果控件"面板中单击"Alpha 发光""发光"输入"50"，如图 1-252 所示。

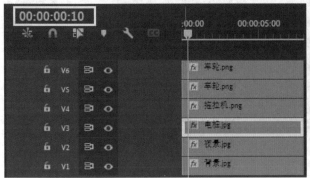
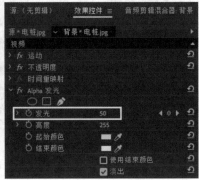

图 1-251　时间指针 10 帧位置　　　　　　图 1-252　发光输入 50

第二十六步：在"时间线"面板中将"时间指针"放置"00:00:00:20"位置，如图 1-253 所示。在"效果控件"面板中选择"Alpha 发光"中"发光"两个关键帧，如图 1-254 所示。

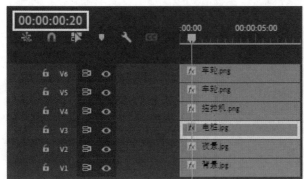

图 1-253　时间指针 20 帧位置

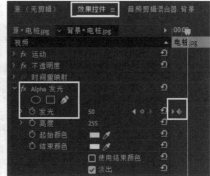

图 1-254　选择关键帧

第二十七步：单击"菜单→编辑→复制"（或使用键盘快捷键 Ctrl+C 键），如图 1-255 所示。单击"菜单→编辑→粘贴"（或使用键盘快捷键 Ctrl+V 键），如图 1-256 所示。

编辑(E)	剪辑(C)	序列(S)	标记(M)	图形(G)	视图(V)
撤消(U)					Ctrl+Z
重做(R)					Ctrl+Shift+Z
剪切(T)					Ctrl+X
复制(Y)					Ctrl+C
粘贴(P)					Ctrl+V

图 1-255　复制

编辑(E)	剪辑(C)	序列(S)	标记(M)	图形(G)	视图(V)
撤消(U)					Ctrl+Z
重做(R)					Ctrl+Shift+Z
剪切(T)					Ctrl+X
复制(Y)					Ctrl+C
粘贴(P)					Ctrl+V

图 1-256　粘贴

第二十八步：在"时间线"面板中将"时间指针"放置"00:00:01:15"位置，在"效果控件"面板中选择"Alpha 发光"中"发光"四个关键帧，如图 1-257 所示。单击"菜单→编辑→复制"（或使用键盘快捷键 Ctrl+C 键）与"粘贴"（或使用键盘快捷键 Ctrl+V 键），观察"发光"全部的关键帧，如图 1-258 所示。

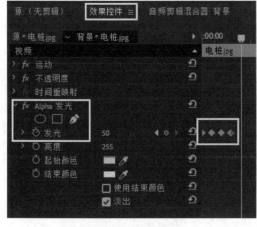
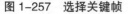

图 1-257　选择关键帧

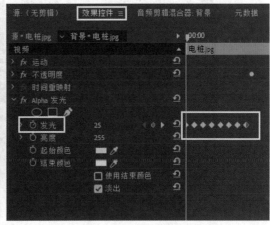

图 1-258　全部关键帧

第二十八步：在"时间线"面板中将"时间指针"放置"00:00:00:00"位置，单击素材"拖拉机"与两个"车轮"，如图 1-259 所示。选择"效果"面板"视频效果→颜色校正→颜色平衡（HLS）"，将"颜色平衡（HLS）"拖至素材"拖拉机"与两个"车轮"上，如图 1-260 所示。

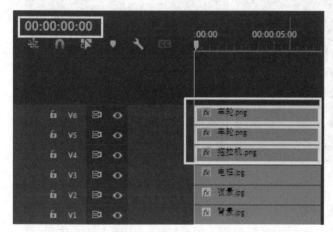

图 1-259　选择关键帧

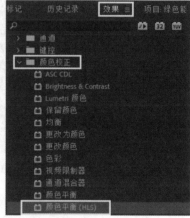

图 1-260　全部关键帧

第二十九步：在"时间线"面板上单击素材"拖拉机"，如图 1-261 所示。在"效果控件"面板中单击"颜色平衡（HLS）""饱和度"输入"-100"，同时单击"切换动画"，如图 1-262 所示。

第三十步：在"时间线"面板中将"时间指针"放置"00:00:03:00"位置，如图 1-263 所示。在"效果控件"面板中单击"颜色平衡（HLS）""饱和度"输入"0"，如图 1-264 所示。

第三十一步：在"时间线"面板中将"时间指针"放置"00:00:00:00"位置，选择"视频轨道 5"的素材"车轮"，如图 1-265 所示。在"效果控件"面板中单击"颜色平衡（HLS）""饱和度"输入"-50"同时单击"切换动画"，如图 1-266 所示。

图 1-261　选择素材拖拉机

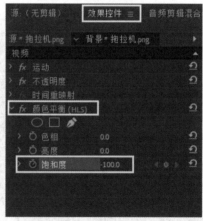

图 1-262　拖拉机饱和度设置-100

图 1-263　拖拉机时间指针放置 3 秒位置　　　　图 1-264　拖拉机饱和度设置 0

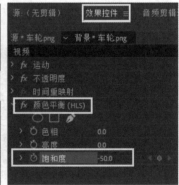

图 1-265　车轮时间指针放置 0 秒位置　　　　图 1-266　车轮饱和度设置 -50

第三十二步：在"时间线"面板中将"时间指针"放置"00:00:03:00"位置，如图 1-267 所示。在"效果控件"面板中单击"颜色平衡（HLS）""饱和度"输入"30"，如图 1-268 所示。

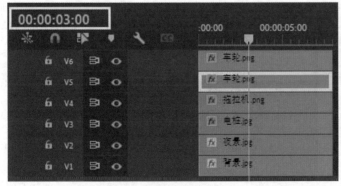
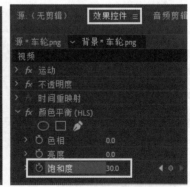

图 1-267　车轮时间指针放置 3 秒位置　　　　图 1-268　车轮饱和度设置 30

第三十三步：在"时间线"面板中将"时间指针"放置"00:00:00:00"位置，选择"视频轨道 6"的素材"车轮"，如图 1-269 所示。在"效果控件"面板中单击"颜色平衡（HLS）"

"饱和度"输入"-50"同时单击"切换动画",如图 1-270 所示。

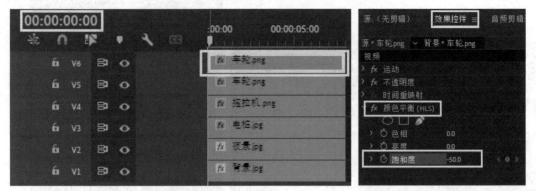

图 1-269　车轮时间指针放置 0 秒位置　　　　　图 1-270　车轮饱和度设置-50

第三十四步:在"时间线"面板中将"时间指针"放置"00:00:03:00"位置,如图 1-271 所示。在"效果控件"面板中单击"颜色平衡(HLS)""饱和度"输入"30",如图 1-272 所示。

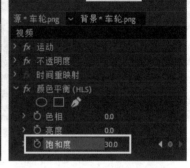

图 1-271　车轮时间指针放置 3 秒位置　　　　　图 1-272　车轮饱和度设置 30

第三十四步:在"时间线"面板中选择素材"拖拉机"与两个"车轮",单击鼠标右键在弹出对话框中选择"嵌套",如图 1-273 所示。在弹出的"嵌套序列名称"中单击"确定",如图 1-274 所示。

图 1-273　嵌套对话框　　　　　　　　　图 1-274　嵌套序列名称

第三十五步:在"时间线"面板中将"时间指针"放置"00:00:03:00"位置,选择"嵌套序列 01",如图 1-275 所示。在"效果控件"面板中单击"位置"的"切换动画",如图

1-276 所示。

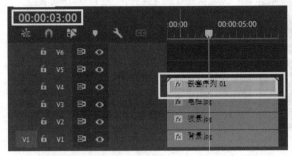

图 1-275　嵌套序列 01 时间指针 3 秒位置　　　　图 1-276　嵌套序列位置切换动画

第三十六步：在"时间线"面板中将"时间指针"放置"00:00:04:00"位置，选择"嵌套序列 01"，如图 1-277 所示。在"效果控件"面板中单击"位置"的"添加/移除关键帧"，如图 1-278 所示。

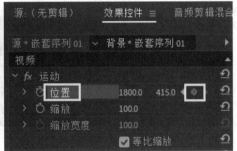

图 1-277　嵌套序列 01 时间指针 4 秒位置　　　　图 1-278　添加/移除关键帧

第三十七步：在"时间线"面板中将"时间指针"放置"00:00:04:01"位置，选择"嵌套序列 01"，如图 1-279 所示。在"效果控件"面板中"位置"输入"1800、425"，如图 1-280 所示。

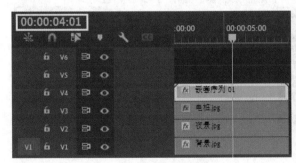

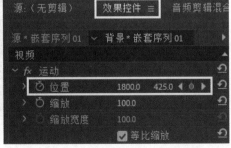

图 1-279　嵌套序列时间指针位置　　　　　　图 1-280　嵌套序列 01 位置设置

第三十八步：在"时间线"面板中将"时间指针"放置"00:00:04:02"位置，选择"嵌套序列 01"，如图 1-281 所示。在"效果控件"面板中"位置"输入"1800、405"，如图 1-282 所示。

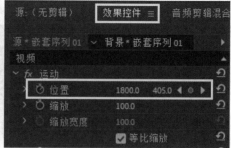

图 1-281　嵌套序列 01 时间指针位置　　　　　图 1-282　嵌套序列 01 位置设置

　　第三十九步：在"时间线"面板中将"时间指针"放置"00:00:04:03"位置，在"控件面板"中选择"位置"的第二个、第三个关键帧，单击"菜单→编辑→复制"（或使用键盘快捷键 Ctrl+C 键），如图 1-283 所示。单击"菜单→编辑→粘贴"（或使用键盘快捷键 Ctrl+V 键），如图 1-284 所示。

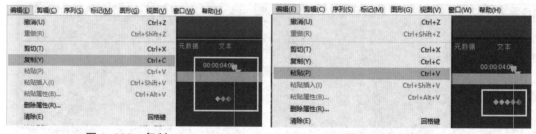

图 1-283　复制　　　　　　　　　　　　　图 1-284　粘贴

　　第四十步：在"时间线"面板中将"时间指针"放置"00:00:04:05"位置，在"控件面板"中选择"位置"的第四个、第五个关键帧，单击"菜单→编辑→复制"（或使用键盘快捷键 Ctrl+C 键），如图 1-285 所示。单击"菜单→编辑→粘贴"（或使用键盘快捷键 Ctrl+V 键），如图 1-286 所示。

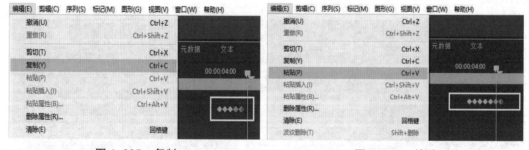

图 1-285　复制　　　　　　　　　　　　　图 1-286　粘贴

　　第四十一步：在"时间线"面板中将"时间指针"放置"00:00:04:07"位置，如图 1-287 所示。在"效果控件"面板中"位置"输入"1800、415"，如图 1-288 所示。

图 1-287　嵌套序列 01 时间指针位置

图 1-288　嵌套序列 01 位置设置

第四十二步：在"控件面板"中选择"位置"的全部关键帧，单击"菜单→编辑→复制"（或使用键盘快捷键 Ctrl+C 键），如图 1-289 所示。分别将"时间指针"放置到"00:00:04:20""00:00:05:16""00:00:06:12""00:00:07:08"的位置，"粘贴"关键帧，如图 1-290 所示。

图 1-289　复制　　　　　　　　　　　　　　图 1-290　粘贴

第四十三步：单击菜单"文件→导出→媒体"命令，如图 1-291 所示。在弹出"导出设置"对话框中，"格式"选择"H.264"、"输出名称"输入"绿色能源电动拖拉机"（同时选择存储路径），单击"导出"，如图 1-292 所示。

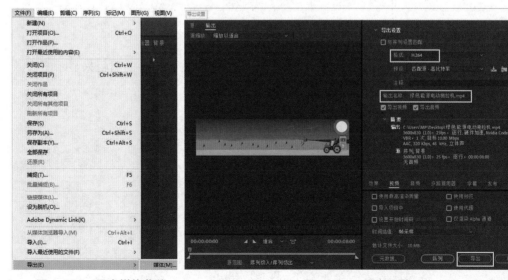

图 1-291　导出媒体菜单　　　　　　　　　　图 1-292　导出设置

第四十四步：单击播放观察动画最终效果，如图 1-293 所示。

图 1-293　最终效果

本项目通过利用关键帧实现电动拖拉机动画效果，使读者对视频制作相关知识有了初步了解，对工具、命令的使用有所了解并掌握，并能够通过所学的相关知识实现"行驶的电动拖拉机"项目的制作。

一、选择题

（1）Premiere 这款软件是由（　　）出品。（单选）

　　A. Adobe 公司　　　　　　　　B. 微软公司

　　C. 索尼公司　　　　　　　　　D. 苹果公司

（2）Premiere 是一款非常优秀的、主流的、专业的（　　　）视频编辑软件。（单选）

　　A. 线性　　　　　　　　　　　B. 非线性

　　C. 视频　　　　　　　　　　　D. 音频

（3）（　　）使用黑色（基准色）调表示物体，利用不同的饱和度的黑色来显示图像。

　　A. 蒙版　　　　　　　　　　　B. 像素

　　C. 灰度　　　　　　　　　　　D. 色调

（4）（　　）决定图像细节的精细程度。（单选）

　　A. 帧数率　　　　　　　　　　B. 频率

　　C. 分辨率　　　　　　　　　　D. 采样频率

（5）现在常见的帧率包括（　　）。（多选）

　　A. 24 帧/秒　　　　　　　　　B. 25 帧/秒

　　C. 30 帧/秒　　　　　　　　　D. 60 帧/秒

二、填空题

（1）（　　　　）格式是苹果公司创立的一种视频格式。

（2）（　　　　）格式文件小、音质好，有着广泛的应用领域。

（3）Premiere 的工作区域，主要由（　　　　）（　　　　）（　　　　）（　　　　）（　　　　）（　　　　）等面板组合而成。

（4）"速度/持续时间"可以调整音视频的（　　　　　　），同时播放时间也会自动改变。

（5）（　　　　）是将多个素材组合成新的序列，进行统一编辑。

三、简答题

（1）简述视频编辑操作流程。

（2）简述图像、视频、音频基本属性。

四、项目训练制作要求

（1）自选静帧素材（数量不低于 3 张）；

（2）综合运用 Premiere 的关键帧技术；

（3）需要对素材的位置、旋转、缩放、透明度等属性进行关键帧的设置（每个属性关键帧不少于 6 个）；

（4）视频时长不低于 1 分钟，视频尺寸 1920*1080 像素，输出 Mp4 视频格式文件。

项目二　利用特效技术制作节目片头

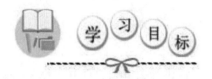

（1）素质目标

通过对项目二案例中的图片素材—自然景观、古镇等，领略祖国大好河山，重点培养学生审美素质，具有感受美、表现美、鉴赏美、创造美的能力；感受中国传统文化魅力，增强文化自信。

（2）知识目标

了解视频、图像的基本知识和概念，包括"灰度系数""VR 分形杂色""ProcAmp"等基本概念。

（3）技能目标

熟练掌握视频编辑的图像控制、调色及镜头光晕等特效制作、添加通道蒙版等技术。

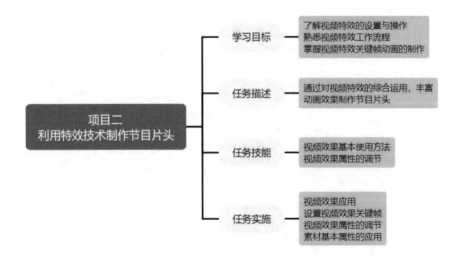

【情境导入】

在党的二十大报告中习近平总书记指出："必须牢固树立和践行绿水青山就是金山银山的理念，站在人与自然和谐共生的高度谋划发展"。大自然是人类赖以生存发展的基本条件。尊重自然、顺应自然、保护自然，是全面建设社会主义现代化国家的内在要求。必须牢固树立和践行绿水青山就是金山银山的理念，站在人与自然和谐共生的高度谋划发展。良好的生活环境与生态系统，是人类生存的基础。从最初的依赖，到后来的改造，再到现在的和谐共生，这是一个漫长而不断变化的过程。未来的人类社会，将是一种人与自然和谐共生的社会。在绿水青山的怀抱中，我们能感受到生命的活力和自然的宁静。我们能感受到大自然的智慧和力量，能感受到人与自然的和谐共生；领略祖国大好河山，在美的氛围中学习鉴赏美和创造美，同时增强文化自豪感和自信心。

同时绿水青山是经济社会发展的基础，也是人们生活品质的重要保障。金山银山是经济社会发展的目标，也是人们追求美好生活的目标。绿水青山和金山银山相辅相成，相互联系、相互依存。只有在保护好生态环境的前提下，才能实现经济的可持续发展；而只有推动经济的繁荣和发展，才能更好地改善人民的生活质量。因此必须坚持生态优先、保护优先的原则，在发展中保护、在保护中发展，实现经济发展和生态环境的双赢。使得祖国天蓝山青、花美水绿，实现未来五年"城乡人居环境明显改善，美丽中国建设成效显著"的目标任务。

【任务描述】

● 熟悉常用的视频特效
● 使用视频特效对素材进行编辑
● 利用视频特效的关键帧丰富效果

【效果展示】

本章将学习视频效果的工具和属性，以及在面板中设置动画和效果的方法，了解关键帧动画效果的制作，并掌握创建动画效果的方法。通过制作项目案例，练习视频效果的编辑，提升视频制作的技能，最终能够使用特效来丰富视频的效果，如图 2-1 所示。

图 2-1　项目最终效果

技能点一　　视频效果基本使用方法

视频效果可以使枯燥的视频作品充满生趣，丰富效果提升质量。使用视频效果，可以模糊或倾斜图像，增添阴影和美术效果等，使视频变得更独特，画面效果更绚丽、更震撼、更与众不同。

一、视频效果

通常情况下，在"项目"面板中单击"效果"面板中的"视频效果"，将显示出包含全部"视频效果"的文件夹，如图 2-2 所示。

1. "搜索框" 🔍输入相应特效效果名称，将快速显示出此特效效果。

2. "加速效果" 🎞️表示可以使用图形处理器"GPU"来加速的特效效果。

3. "32 位效果" 🎞️表示可以使用在 32 位输出通道的素材，也称为高位深或浮。

4. "YUV 效果" 🎞️将素材分成"亮度"通道和两个颜色信息通道，对于调节颜色非常重要。没有"YUV 效果"的特效效果会在计算机的"RGB 效果"中进行处理，导致不能准确显示颜色。

5. 在"效果"面板的下方，单击"新建自定义素材箱" 🗃️，可以在面板中新建一个效果文件夹，并可以通过双击将其激活，并进行重命名。

6. "删除自定义项目" 🗑️即可删除。

7. 单击"视频效果"文件夹的 ▶️按钮，可将文件夹打开，显示出包含的视频特效，如图 2-3 所示。

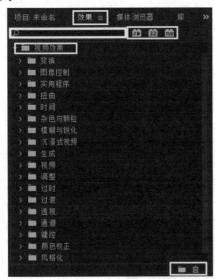

图 2-2　效果面板

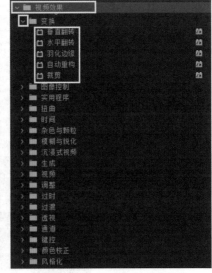

图 2-3　打开变换文件夹

二、视频效果的设置

1. 添加视频效果。添加视频特效效果的方法十分简单，通常有两种方法。

第一种，在"效果"面板中选择需要使用的视频特效效果，按住鼠标将其拖至"时间线"面板中的素材上，出现 图标放开鼠标，即完成视频特效效果的添加，如图2-4所示。

第二种，在"时间线"面板中选择素材后，然后在"效果"面板中双击需要的视频特效效果，也可添加视频特效效果，如图2-5所示。

图2-4　拖动效果

图2-5　双击效果

2. 删除视频效果。视频特效效果添加后，如果需要删除这些特效效果，通常有三种方法。

第一种，在"效果控件"面板中选择需要删除的特效效果，点击键盘上的"Delete"键或"Backspace"键，即可删除视频特效效果，如图2-6所示。

第二种，在"效果控件"面板中选择需要删除的特效效果，单击鼠标右键在弹出的对话框中选择"清除"命令，如图2-7所示。

第三种，在"时间线"面板中选择需要删除视频特效的素材，单击鼠标右键，在弹出的对话框中选择"删除属性"命令，如图2-8所示。在"删除属性"对话框中勾选需要删除的视频特效后单击确定，如图2-9所示。

图2-6　键盘快捷键

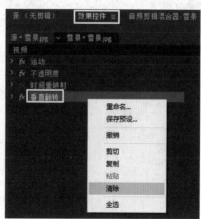

图2-7　鼠标右键

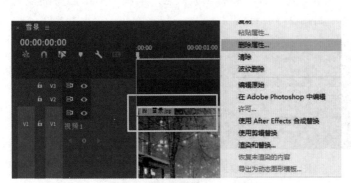

图2-8　删除属性　　　　　　　　　　图2-9　勾选属性

　　3. 多次使用同一特效。在制作视频过程中,多次使用同一视频特效,可对其进行复制和粘贴,以提高工作效率。例如,在素材"西部公路"上添加"垂直翻转"特效效果,如图2-10所示。在"效果控件"面板中选择"垂直翻转"特效效果,单击"菜单→编辑→复制"(或按键盘快捷键"Ctrl+C"),如图2-11所示。在"时间线"面板中选择素材"林间小路",单击"菜单→编辑→粘贴"(或按键盘快捷键"Ctrl+V"),如图2-12所示。在"效果控件"面板观察素材"林间小路"也添加了"垂直翻转"特效效果,如图2-13所示。

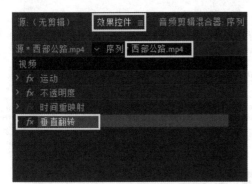

图2-10　垂直翻转特效效果　　　　　　图2-11　复制

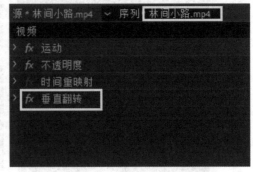

图2-12　粘贴　　　　　　　　　图2-13　林间小路特效效果

"粘贴插入"则是把复制的素材插入到当前时间指针的位置，如果时间指针后有素材，将自动后移，例如，复制"西部公路"，将"时间指针"移动至"00：00：15：00"位置，如图 2-14 所示。在"时间线"面板选择素材"林间小路"，单击"菜单""编辑""粘贴插入"（或按键盘快捷键"Ctrl＋SHIFT＋V"），在"时间线"面板观察效果，如图 2-15 所示。

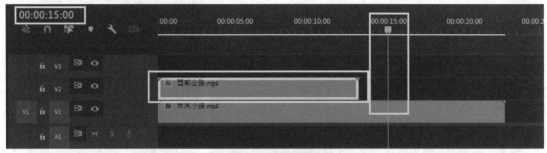

图 2-14 复制西部公路

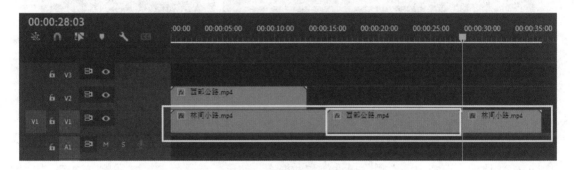

图 2-15 粘贴插入效果

"粘贴属性"则是选择相应的属性复制到指定的素材上，例如，在素材"西部公路"上添加"垂直翻转"特效效果，如图 2-16 所示。单击"菜单→编辑→复制"（或按键盘快捷键"Ctrl＋C"），如图 2-17 所示。在"时间线"面板选择素材"林间小路"，如图 2-18 所示。单击"菜单→编辑→粘贴属性"（或按键盘快捷键"Ctrl＋ALT＋V"），在弹出的"粘贴属性"对话框中，勾选需要粘贴的属性后单击确定，如图 2-19 所示。

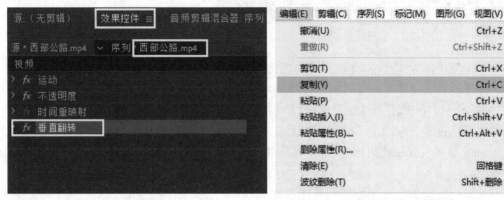

图 2-16 垂直翻转　　　　　　　　　　图 2-17 复制素材

图 2-18　选择素材林间小路　　　　　　　图 2-19　勾选粘贴属性

"删除属性"则是删除相应素材上的特效效果，例如，在素材"船头"上添加"垂直翻转"特效效果，单击选择素材"船头"，如图 2-20 所示。单击"菜单→编辑→删除属性"，如图 2-21 所示。在弹出的"删除属性"对话框中，勾选需要删除的属性后单击确定，如图 2-22 所示，观察"效果控件"面板中，特效效果已经被删除，如图 2-23 所示。

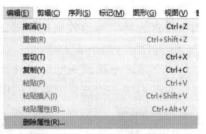

图 2-20　选择素材船头　　　　　　　图 2-21　删除属性对话框

4. 关键帧的视频特效。特效效果的关键帧使用，和其他属性的关键帧使用完全一样。例如，打开软件新建"序列"，在"项目"面板中单击右键，选择"新建项目""黑场视频"，如图 2-24 所示。在弹出"新建黑场视频"中单击"确定"，如图 2-25 所示。

将"黑场视频"拖动至"时间线"面板之中，如图 2-26 所示。单击"项目"面板"视频效果→效果→生成→镜头光晕"，将其拖动至"时间线"面板的"黑场视频"之上，如图 2-27 所示。

在"节目监视器"面板中，观察"镜头光晕"效果，如图 2-28 所示。在"效果控件"面板的"镜头光晕""光晕中心"输入"90、185"，可以调节光晕方向，如图 2-29 所示。

图 2-22 选择属性

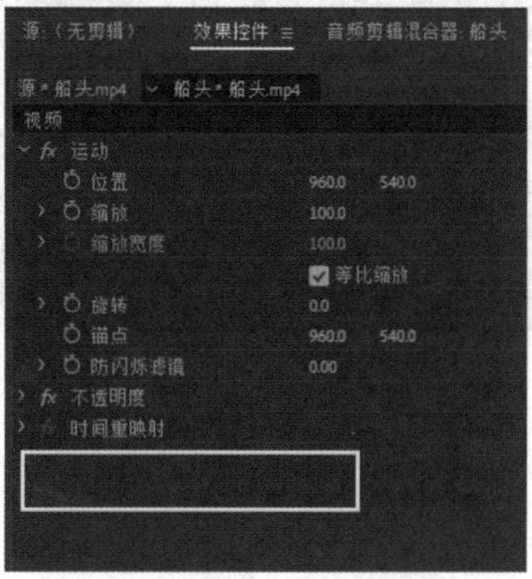

图 2-23 删除效果

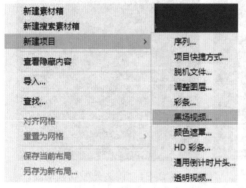

图 2-24 黑场视频

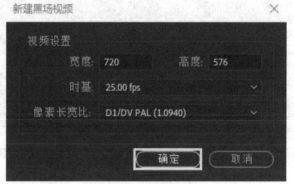

图 2-25 新建黑场视频

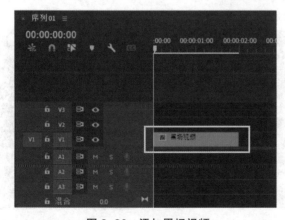

图 2-26 添加黑场视频

图 2-27 打开生成文件夹

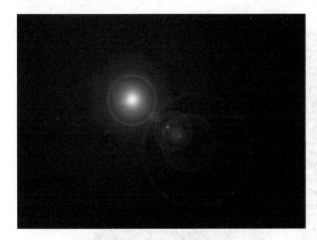
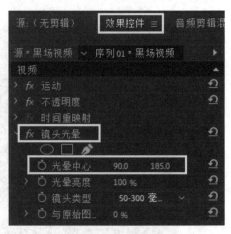

图 2-28　镜头光晕效果　　　　　　　　图 2-29　光晕中心

　　将"时间指针"拖至"00:00:00:00"位置，如图 2-30 所示。单击"效果控件"面板"镜头光晕""光晕中心"的"切换动画"，如图 2-31 所示。

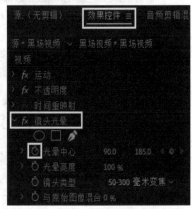

图 2-30　时间指针拖至 0 秒位置　　　　图 2-31　镜头光晕切换动画

　　将"时间指针"拖至"00:00:02:00"位置，如图 2-32 所示。在"效果控件"面板"镜头光晕""光晕中心"输入"700、185"，如图 2-33 所示。

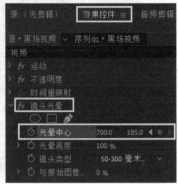

图 2-32　时间指针拖至 2 秒位置　　　　图 2-33　镜头光晕输入数值

在"节目监视器"面板中，观察"镜头光晕"效果，如图 2-34 所示。在"效果控件"面板的"镜头光晕"中（其他特效效果也相同），带有"切换动画"⏱图标的属性，都可以创建关键帧动画，如图 2-35 所示。

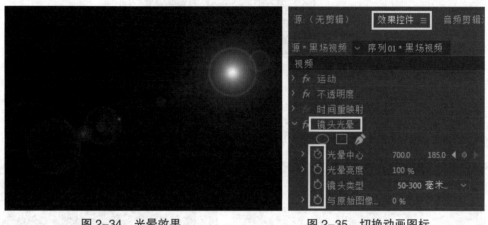

　　　图 2-34　光晕效果　　　　　　　　　　　　图 2-35　切换动画图标

技能点二　视频效果的属性应用

"效果"面板其实就是一个特效效果库。所有的特效效果全部存储在"效果"面板的"视频效果"之中。"视频效果"分布在 18 个文件夹中，分别是"变换""图像控制""实用程序""扭曲""时间""杂色与颗粒""模糊与锐化""沉浸式视频""生成""视频""调整""过时""过渡""透视""通道""键控""颜色校正""风格化"（由于篇幅所限，不能为展示全部视频效果。但是很多视频效果都有相通之处，只要多多练习体会，肯定会有所收获），如图 2-36 所示。

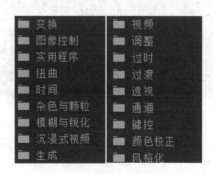

图 2-36　视频效果文件夹

一、变换

可以制作素材的翻转、裁剪及滚动等效果，也可以更改摄像机视图，如图 2-37 所示。

图 2-37　变换

　　"垂直翻转"效果可以将素材从上到下进行翻转。例如，打开"变换"文件，将"垂直翻转"拖至素材"变换"上，观察特效效果，如图 2-38 所示。在"效果控件"面板中可调节"垂直翻转"效果的属性，如图 2-39 所示。

图 2-38　垂直翻转效果

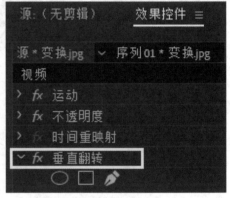

图 2-39　垂直翻转属性

二、图像控制

对素材的颜色进行修改和控制，如图 2-40 所示。

图 2-40　图像控制

　　"灰度系数校正"效果可通过调节中间调的亮度级别（中间灰色阶），在不影响阴影和高光的情况下使素材变亮或变暗。例如，打开"图像控制"文件，将"灰度系数校正"拖至素材"图像控制"上，观察特效效果，如图 2-41 所示。在"效果控件"面板中可调节"灰度系数"，改变素材的明暗（默认灰度系数设置为 10，可将"灰度系数"从 1 调整到 28），如图 2-42 所示。

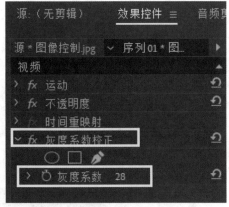

图 2-41　灰度系数校正效果　　　　　图 2-42　灰度系数校正属性

三、实用程序

"实用程序"效果只提供了"Cineon 转换器"效果，该效果能够转换 Cineon 文件中的颜色，将运动图片电影转换成数字电影时，经常会使用 Cineon 文件格式，如图 2-43 所示。

图 2-43　Cineon 转换器

"Cineon 转换器"可以增强素材的明暗及对比度，让亮的部分更亮，暗的部分更暗。例如，打开"实用程序"文件，将"Cineon 转换器"拖至素材"实用程序"上，观察特效效果，如图 2-44 所示。在"效果控件"面板中，"实用程序"中"Cineon 转换器"属性，如图 2-45 所示。

图 2-44　Cineon 转换器效果　　　　　图 2-45　Cineon 转换器属性

1. "转换类型"中包含：
（1）"对数到对数"将 8-bpc 对数非 cineon 文件转换后渲染成 cineon 序列模式。
（2）"对数到线性"将 8-bpc 线性代理的 cineon 层转换成 8-bpc 对数文件。

（3）"线性到对数"是将原图渲染成 8-bpc 对数代理。

2．"10 位黑场"控制黑点的比重。

3．"内部黑场"设置内部黑点的比重。

4．"10 位白场"控制白点的比重。

5．"内部白场"控制内部白点的比重。

6．"灰度系数"控制画面中间调的明暗。

7．"高光滤除"设置高光的范围。

四、扭曲

通过旋转、收聚或筛选来扭曲一个图像，如图 2-46 所示。

图 2-46　扭曲

偏移是指该特效允许在垂直方向和水平方向上移动素材，以创建一个平面效应。例如，打开"扭曲"文件，将"偏移"拖至素材"扭曲"上，观察特效效果，如图 2-47 所示。在"效果控件"面板中，"偏移"属性包括：

"将中心转换至"控件可以垂直或水平移动素材；

"与原始图像混合"将偏移特效与原始素材混合使用，如图 2-48 所示。

图 2-47　偏移效果

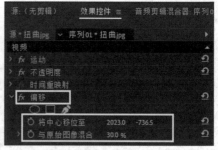

图 2-48　偏移属性

五、时间

时间与素材的各个帧息息相关，如图 2-49 所示。

图 2-49　时间

　　"残影"使图像产生重影效果，主要用于运动变化的视频。例如，打开"时间"文件，将"残影"拖至素材"船头"上，观察特效效果，如图 2-50 所示。在"效果控件"面板中，"残影"属性包括，如图 2-51 所示

　　1."残影时间（秒）"调节两个画面的时间间隔（数值是正值重影在运动后，是负值重影在运动前）。

　　2."残影数量"调节重影的多少。

　　3."起始强度"调节素材的亮度。

　　4."衰减"重影亮度的衰减率。

　　5."残影运算符"重影与素材之间的颜色计算模式。

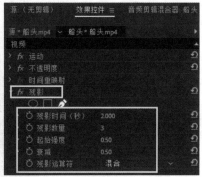

图 2-50　残影效果　　　　　　　　图 2-51　残影属性

六、杂色与颗粒

可以增减素材中的划痕与噪点，如图 2-52 所示。

图 2-52　杂波与颗粒

　　"中间值（旧版）"获取素材邻近像素的中间值以减少杂色。例如，打开"杂色与颗粒"文件，将"中间值（旧版）"拖至素材"杂色与颗粒"上，观察特效效果，如图 2-53 所示。在"效果控件"面板中，"中间值"属性包括，如图 2-54 所示

　　1."半径"调节中间值大小，数值越大模糊度越高。

　　2."在 Alpha 通道上运算"勾选后，可以将特效果应用到素材的 Alpha 通道。

图 2-53　杂色与颗粒效果

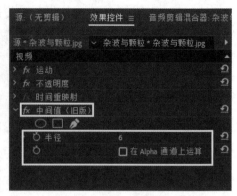

图 2-54　中间值属性

七、模糊与锐化

能够模糊图像或锐化图像以突出素材，如图 2-55 所示。

图 2-55　模糊与锐化

"复合模糊"可以模拟摄像机快速变焦产生具有冲击力的模糊效果。例如，打开"模糊与锐化"文件，将"复合模糊"拖至素材"模糊与锐化"上，观察特效效果，如图 2-56 所示。在"效果控件"面板中，"复合模糊"属性包括，如图 2-57 所示。

1. "模糊图层"选择模糊视频轨道。
2. "最大模糊"调节模糊的程度。
3. "伸缩对应图以适合"勾选后，可以对模糊画面进行拉伸。
4. "反转模糊"勾选后，可反转模糊效果。

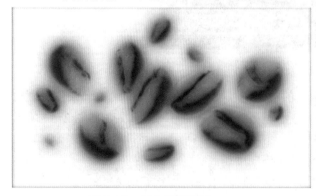

图 2-56　复合模糊效果

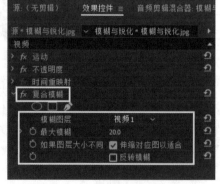

图 2-57　复合模糊属性

六、沉浸式视频

用于创建虚拟现实的效果，如图 2-58 所示。

图 2-58　沉浸式视频

"VR 分形杂色"可以制作不同类型的杂色，如云、雾、烟效果。例如，打开"沉浸式视频"文件，将"VR 分形杂色"拖至素材"沉浸式视频"上，观察特效效果，如图 2-59 所示。在"效果控件"面板中，"VR 分形杂色"属性包括，如图 2-60 所示。

1. "自动 VR 属性"勾选后，自动调节杂色位置，不勾选，需要手动调节。
2. "分形类型"选择分型杂色类型。
3. "对比度"调整分型杂色明暗对比度。
4. "亮度"调整分型杂色亮度。
5. "反转"勾选后，反转颜色通道。
6. "复杂度"调整分型杂色复杂程度。
7. "演化"调整分型杂色随机变化。
8. "变换"设置分型杂色的大小与位置。
9. "子设置"可以调整分形杂色子图层对外观的影响（分形杂色效果由多个图层组成）。
10. "随机植入"设置分形杂色粒子的随机速度。
11. "不透明度"调整分形杂色的不透明度。
12. "混合模式"选择分形杂色与素材色彩的计算模式。

图 2-59　VR 分形杂色效果

图 2-60　VR 分形杂色属性

九、生成

通过对素材画面进行渲染计算，生成一些特殊的效果，如图 2-61 所示。

图 2-61　生成

"镜头光晕"可以模拟太阳光芒生成光晕效果。例如，打开"生成"文件，将"镜头光晕"拖至素材"生成"上，观察特效效果，如图 2-62 所示。在"效果控件"面板中，"镜头光晕"属性包括，如图 2-63 所示。

1. "光晕中心"调节光晕位置。
2. "光晕亮度"调节光晕亮度百分比。
3. "镜头类型"选择不同的镜头尺寸。
4. "与原始图像混合"设置镜头光晕的不透明度。

图 2-62　镜头光晕效果

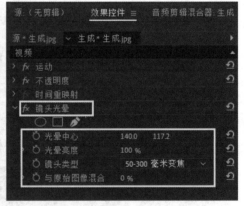

图 2-63　镜头光晕属性

十、视频

"视频"效果是通过从时间生成某种特殊效果。其中包含"SDR 遵从情况""剪辑名称""时间码""简单文本"，如图 2-64 所示。

图 2-64　视频

"剪辑名称"可在素材上显示的相应名称。例如，打开"视频"文件，将"剪辑名称"拖至素材"视频"上，观察特效效果，如图 2-65 所示。在"效果控件"面板中，"剪辑名称"包括，如图 2-66 所示。

1. "位置"调节剪辑名称显示的位置。
2. "对齐方式"剪辑名称的左中右对齐。
3. "大小"缩放剪辑名称的大小。
4. "不透明度"调节剪辑名称背景颜色的透明度。
5. "显示"选择显示的名称。
6. "源轨道"时间码的显示时间。

 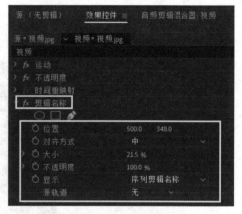

图 2-65　剪辑名称效果　　　　　　　　　　图 2-66　剪辑名称属性

十一、调整

"调整"效果是对色彩、亮度、光影等效果进行调节，如图 2-67 所示。

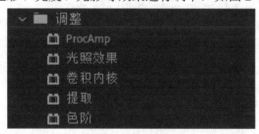

图 2-67　调整

"ProcAmp"可以对素材的亮度、对比度、色相、饱和度等效果进行调节。例如，打开"调整"文件，将"剪辑名称"拖至素材"调整"上，观察特效效果，如图 2-68 所示。在"效果控件"面板中，"ProcAmp"属性包括，如图 2-69 所示。

1. "亮度"调节素材的明亮程度。
2. "对比度"调节素材的明暗对比程度。
3. "色相"调节素材的整体色调。
4. "饱和度"调节素材颜色浓郁程度。
5. "拆分屏幕"勾选后，屏幕分成调节效果与原始效果两部分。
6. "拆分百分比"调节效果与原始效果所占屏幕的百分比。

图 2-68 ProcAmp 效果

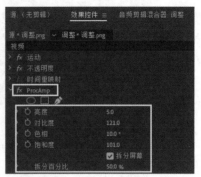

图 2-69 ProcAmp 属性

十二、过时

用于对素材颜色进行色校正，如图 2-70 所示。

图 2-70 过时

"自动色阶"自动调节素材中最亮的白和最暗的黑之间的分布。例如，打开"过时"文件，将"自动色阶"拖至素材"过时"上，观察特效效果，如图 2-2-36 所示。在"效果控件"面板中，"自动色阶"包括，如图 2-72 所示。

1. "瞬时平滑（秒）"设定相邻帧的范围（以秒为单位），并确定调整量的大小。
2. "场景检测"勾选后，自动检测色阶分布。
3. "减少黑色像素"调节黑色部分的范围。
4. "减少白色像素"调节白色部分的范围。
5. "与原始图像混合"调节素材效果与原始图像的混合效果百分比。

图 2-71 自动色阶效果

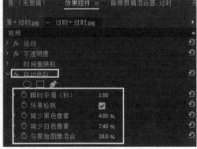

图 2-72 自动色阶属性

十三、过渡

设置两个素材之间的过渡变化，如图 2-73 所示。

图 2-73　过渡

"块溶解"设置素材以随机的像素块形状消失。例如，打开"过渡"文件，将"自动色阶"拖至素材"过渡"上，观察特效效果，如图 2-74 所示。在"效果控件"面板中，"块溶解"属性包括，如图 2-75 所示。

1. "过渡完成"设置完成度的百分比。
2. "块宽度"设置像素块的宽度。
3. "块高度"设置像素块的高度。
4. "羽化"调节像素块的边缘虚化程度。
5. "柔化边缘（最佳品质）"勾选后，像素块的边缘自动羽化。

图 2-74　块溶解效果

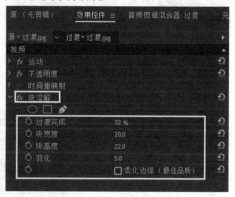

图 2-75　块溶解属性

十四、透视

可以制作三维立体的空间透视效果，如图 2-76 所示。

图 2-76　透视

"基本 3D"可以围绕水平和垂直旋转、拉近、推远素材，及创建高光增强真实感。例如，打开"透视"文件，将"基本 3D"拖至素材"透视"上，观察特效效果，如图 2-77 所示。在"效果控件"面板中，"基本 3D"属性包括，如图 2-78 所示。

1. "旋转"设置素材水平旋转角度。
2. "倾斜"设置素材垂直旋转角度。
3. "与图像距离"设置素材拉近或推远的距离。
4. "镜面高光"勾选后，产生反光效果。
5. "预览"勾选后，素材以线框形式显示。

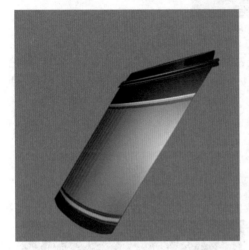

图 2-77　基本 3D 效果

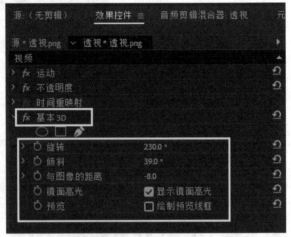

图 2-78　基本 3D 属性

十五、通道

可以改变素材的通道亮度或颜色，如图 2-79 所示。

图 2-79　透视

"纯色合成"设置覆盖在素材之上的纯色，选择与素材颜色的计算模式。例如，打开"通道"文件，将"纯色合成"拖至素材"通道"上，观察特效效果，如图 2-80 所示。在"效果控件"面板中，"纯色合成"属性包括，如图 2-81 所示。

1. "源不透明度"设置素材的不透明度。
2. "颜色"设置纯色的颜色。
3. "不透明度"设置纯色的透明度。
4. "混合模式"设置颜色与素材的混合模式。

图 2-80 纯色合成效果

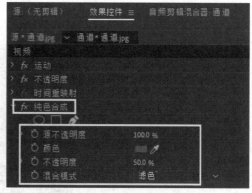

图 2-81 纯色合成属性

十六、键控

"键控"效果用于对素材的抠图使用。其中包含"Alpha 调整""亮度键""图像遮置键""差值遮罩""移除遮置""超级键""轨道遮置键""非红色键""颜色键",如图 2-82 所示。

图 2-82 键控

"轨道遮罩键"使用素材对另一轨道的素材实现遮罩效果。例如,打开"键控"文件,将"轨道遮罩键"拖至素材"键控"上,观察特效效果,如图 2-83 所示。在"效果控件"面板中,"轨道遮罩键"包括,如图 2-84 所示。

1. "遮罩"选择遮罩素材。
2. "合成方式"选择遮罩作用素材的方式。
3. "反向"勾选后,可反转遮罩。

图 2-83 轨道遮罩键效果

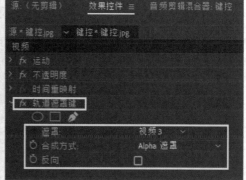

图 2-84 轨道遮罩键属性

十七、颜色校正

用于对素材颜色、明暗的调节，如图 2-85 所示。

图 2-85　颜色校正

　　"Brightness /Contrast"调节素材的亮度与对比度。例如，打开"颜色校正"文件，将"Brightness /Contrast"拖至素材"颜色校正"上，观察特效效果，如图 2-86 所示。在"效果控件"面板中，"Brightness /Contrast"属性包括，如图 2-87 所示。

　　1. "亮度"调节素材的明暗程度。

　　2. "对比度"调节素材的明暗对比度。

图 2-86　Brightness /Contrast 效果

图 2-87　Brightness /Contrast 属性

十八、风格化

可对素材制作一些特殊的效果，如图 2-88 所示。

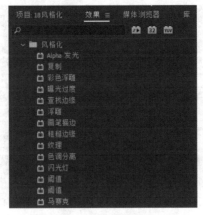

图 2-88　风格化

　　"浮雕"可锐化素材图像的边缘产生立体效果。例如,打开"风格化"文件,将"浮雕"拖至素材"风格化"上,观察特效效果,如图 2-89 所示。在"效果控件"面板中,"浮雕"属性包括,如图 2-90 所示。

　　1.　"方向"调节锐化边缘的角度。

　　2.　"起伏"调节锐化边缘的高度。

　　3.　"对比度"调节素材的明暗对比度。

　　4.　"与原始图像混合"调节与原始素材的混合程度。

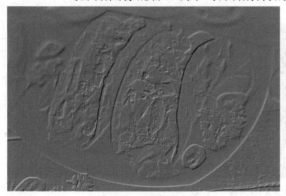

图 2-89　浮雕效果

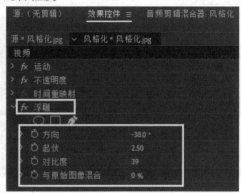

图 2-90　浮雕属性

　　通过以上的学习,读者可以了解视频效果的基本操作及属性设置。为了巩固所学知识,通过以下几个步骤,使用视频效果相关知识制作"环游世界"节目片头,如图 2-91 所示。

图 2-91　"环游世界"节目片头效果图

　　第一步:打开软件,单击菜单"文件→新建→项目"命令,如图 2-92 所示。在弹出"新建项目"对话框的"名称"输入"环游世界节目片头"、"位置"选择相应的存储路径,如图 2-93 所示。

图 2-92 新建项目

图 2-93 输入项目名称

第二步：将素材"环游世界 1""环游世界 2""环游世界 3""环游世界 4""环游世界 5"导入项目面板"环游世界节目片头"之中，如图 2-94 所示。将素材"环游世界 1"直接拖入到"时间线面板"，如图 2-95 所示。

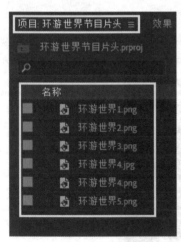

图 2-94 导入素材

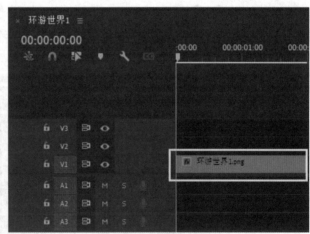

图 2-95 环游世界 1 时间线面板

第三步：在"时间线面板"上，单击鼠标右键将素材，在弹出的对话框中选择"添加轨道"，如图 2-96 所示。在"添加轨道"面板，"添加"输入"3 视频轨道"，单击"确定"，如图 2-97 所示。

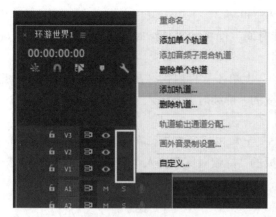

图 2-96 添加轨道

图 2-97 添加 3 视频轨道

第四步：分别将素材"环游世界2""环游世界3""环游世界4""环游世界5"分别拖入"视频轨道2""视频轨道3""视频轨道4""视频轨道5"之中，如图2-98所示。在"视频轨道1"的素材"环游世界1"上单击鼠标右键，在弹出对话框中选择"速度/持续时间"，如图2-99所示。

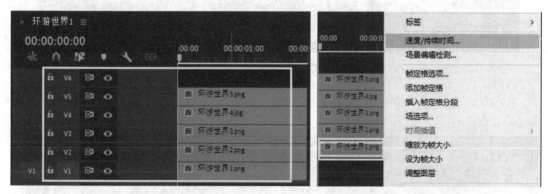

图 2-98 拖至时间线面板　　　　　　图 2-99 速度 1 持续时间

第五步：弹出"剪辑速度/持续时间"面板，在"持续时间"输入"00:00:16:00"，单击"确定"，如图2-100所示。在"视频轨道2"的素材"环游世界2"上单击鼠标右键，在弹出对话框中选择"速度/持续时间"，在"剪辑速度/持续时间"面板的"持续时间"输入"00:00:13:00"，如图2-101所示。

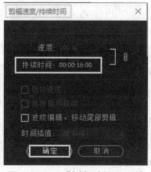

图 2-100 持续时间 16 秒　　图 2-101 持续时间 13 秒

第五步：在"视频轨道3"的素材"环游世界3"上单击鼠标右键，在弹出对话框中选择"速度/持续时间"，在"剪辑速度/持续时间"面板的"持续时间"输入"00:00:10:00"，如图2-102所示。

在"视频轨道4"的素材"环游世界4"上单击鼠标右键，在弹出对话框中选择"速度/持续时间"，在"剪辑速度/持续时间"面板的"持续时间"输入"00:00:07:00"，如图2-103所示。

在"视频轨道5"的素材"环游世界5"上单击鼠标右键，在弹出对话框中选择"速度/持续时间"，在"剪辑速度/持续时间"面板的"持续时间"输入"00:00:04:00"，如图2-104所示。

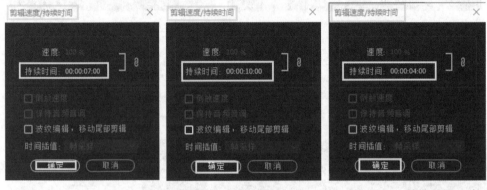

图2-102　持续时间10秒　　图2-103　持续时间7秒　　图2-104　持续时间4秒

第六步："时间线面板"上观察素材效果，如图2-105所示。将"时间指针"拖至"00:00:03:00"位置，如图2-106所示。

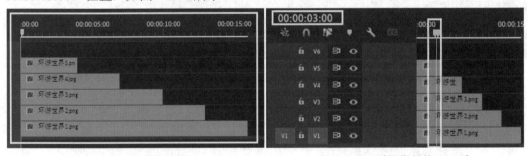

图2-105　观察素材效果　　　　图2-106　时间指针拖至3秒

第七步：拖动素材"环游世界2"的入点对齐时间指针位置，如图2-107所示。将"时间指针"拖至"00:00:06:00"位置，如图2-108所示。

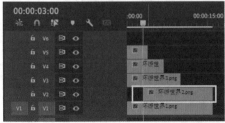

图2-107　环游世界2对齐时间指针　　图2-108　时间指针拖至6秒

第八步：拖动素材"环游世界3"的入点对齐时间指针位置，如图2-109所示。将"时间指针"拖至"00:00:09:00"位置，如图2-110所示。

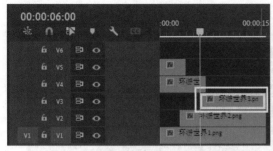
图2-109 环游世界3对齐时间指针

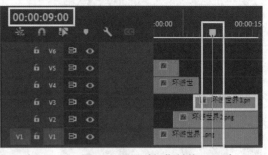
图2-110 时间指针拖至9秒

第九步：拖动素材"环游世界4"的入点对齐时间指针位置，如图2-111所示。将"时间指针"拖至"00:00:12:00"位置，如图2-112所示。

图2-111 环游世界4对齐时间指针

图2-112 时间指针拖至12秒

第十步：拖动素材"环游世界5"的入点对齐时间指针位置，如图2-113所示。观察素材的摆放位置，每个素材间隔3秒时间，出点位置全部对齐，如图2-114所示。

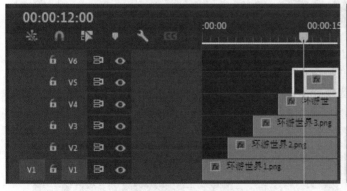
图2-113 环游世界5对齐时间指针

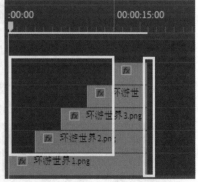
图2-114 出点位置对齐

第十一步：单击"效果"面板，选择"视频效果→边角定位"，如图2-115所示。将"边角定位"拖至素材"环游世界1"之上，将"时间指针"拖至"0秒"位置，如图2-116所示。

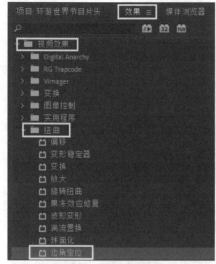

图 2-115　边角定位

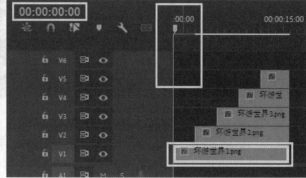

图 2-116　时间指针拖至 0 秒

第十二步：单击"效果控件"面板，单击"边角定位→右上和右下"的"切换动画"，如图 2-117 所示。将"时间指针"拖至"00:00:02:00"位置，如图 2-118 所示。

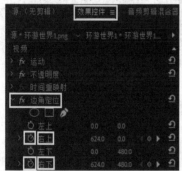

图 2-117　右上右下切换动画

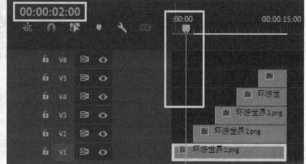

图 2-118　时间指针拖至 2 秒

第十三步：在"效果控件"面板"边角定位""右上"输入"160、120"、"右下"输入"160、360"，如图 2-119 所示。选择"效果"面板"视频效果""边角定位"，将"边角定位"拖至素材"环游世界 2"之上，将"时间指针"拖至"00:00:03:00"位置，如图 2-120 所示。

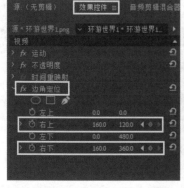

图 2-119　右上右下输入数值

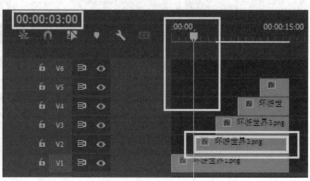

图 2-120　时间指针拖至 3 秒

第十四步：单击"效果控件"面板，单击"边角定位"中"左上""左下"的"切换动画"，如图2-121所示。将"时间指针"拖至"00:00:05:00"位置，如图2-122所示。

图2-121　左上左下切换动画

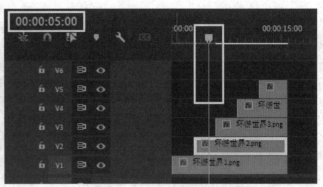

图2-122　时间指针拖至5秒

第十五步：在"效果控件"面板"边角定位""左上"输入"480、120"、"左下"输入"480、360"，如图2-123所示。选择"效果"面板"视频效果→边角定位"，将"边角定位"拖至素材"环游世界3"之上，将"时间指针"拖至"00:00:06:00"位置，如图2-124所示。

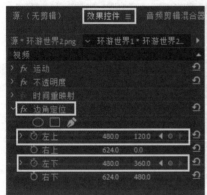

图2-123　左上左下输入数值

图2-124　时间指针拖至6秒

第十六步：单击"效果控件"面板，单击"边角定位"中"左下""右下"的"切换动画"，如图2-125所示。将"时间指针"拖至"00:00:08:00"位置，如图2-126所示。

图2-125　左下右下切换动画

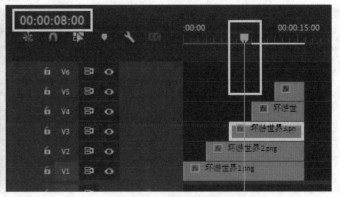

图2-126　时间指针拖至8秒

　　第十七步：在"效果控件"面板"边角定位""左下"输入"160、120"、"右下"输入"480、120"，如图 2-127 所示。选择"效果"面板"视频效果→边角定位"，将"边角定位"拖至素材"环游世界 4"之上，将"时间指针"拖至"00:00:09:00"位置，如图 2-128 所示。

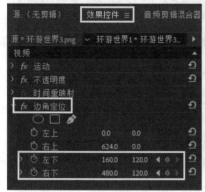

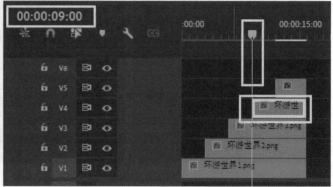

图 2-127　左下右下输入数值　　　　　　　图 2-128　时间指针拖至 9 秒

　　第十八步：单击"效果控件"面板，单击"边角定位"中"左上""右上"的"切换动画"，如图 2-129 所示。将"时间指针"拖至"00:00:11:00"位置，如图 2-130 所示。

图 2-129　左上右上切换动画　　　　　　　图 2-130　时间指针拖至 11 秒

　　第十九步：在"效果控件"面板"边角定位""左上"输入"160、360"、"右上"输入"480、360"，如图 2-131 所示。单击素材"环游世界 5"，将"时间指针"拖至"00:00:12:00"位置，如图 2-132 所示。

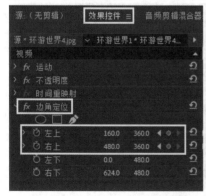

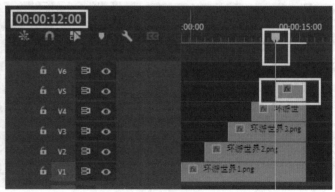

图 2-131　左上右上输入数值　　　　　　　图 2-132　时间指针拖至 12 秒

第二十步：单击"效果控件"面板"运动"中"缩放"的"切换动画"，如图 2-133 所示。将"时间指针"拖至"00:00:14:00"位置，如图 2-134 所示。

図 2-133　缩放 　　　　　　　　図 2-134　时间指针拖至 14 秒

第二十一步：在"效果控件"面板"运动→缩放"输入"55"，如图 2-135 所示。将素材"环游世界—文字"导入"项目"模板，如图 2-136 所示。

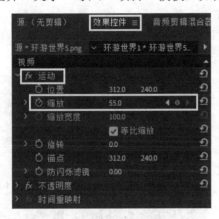 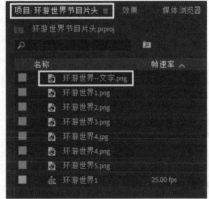

図 2-135　调节缩放 　　　　　　　図 2-136　导入素材

第二十二步：将素材"环游世界—文字"拖至"时间线"模板的"视频轨道 6"，单击鼠标右键，在弹出的对话框中选择"速度/持续时间"，如图 2-137 所示。在弹出的"剪辑速度/持续时间"面板"持续时间"输入"00:00:04:00"，单击"确定"，与素材"环游世界5"对齐，如图 2-138 所示。

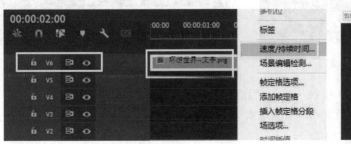 

図 2-137　速度/持续时间 　　　　　図 2-138　输入持续时间

第二十三步：在"效果控件"面板单击"视频效果→透视"的"基本 3D"与"投影"，如图 2-139 所示。将"时间指针"拖至"00:00:12:00"位置，如图 2-140 所示。

图 2-139　透视文件夹

图 2-140　时间指针拖至 12 秒

第二十四步：单击"效果控件"面板"运动→缩放"输入"200"，"投影→阴影颜色"色号输入"A97575"、"不透明度"输入"50"、"方向"输入"145"、"距离"输入"15"、"柔和度"输入"10"，如图 2-141 所示。在"不透明度→不透明度"输入"0"、单击"不透明度"的"切换动画"，单击"基本 3D"中"旋转"与"与图像的距离"的"切换动画"，如图 2-142 所示。

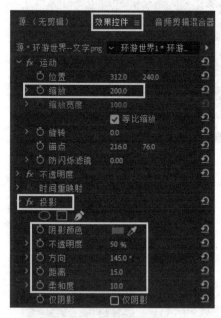

图 2-141　调节属性

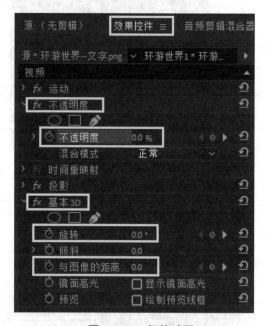

图 2-142　切换动画

第二十五步：将"时间指针"拖至"00:00:15:00"位置，如图 2-143 所示。在"不透明度""不透明度"输入"100"，在"基本 3D""旋转"输入"360（1*0）"、"与图像的距离"输入"160"，如图 2-144 所示。

图 2-143 时间指针拖至 15 秒

图 2-144 调节属性

第二十六步：将"时间指针"拖至"00:00:12:00"位置，单击"效果"面板"模糊与锐化""方向模糊"，将"方向模糊"拖至素材"环游世界 5"上，如图 2-145 所示。在"效果控件"面板"方向模糊""方向"输入"100"、单击"方向""切换动画"，"模糊长度"输入"300"、单击"模糊长度"的"切换动画"，如图 2-146 所示。

图 2-145 方向模糊

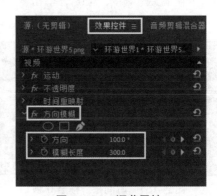

图 2-146 调节属性

第二十七步：将"时间指针"拖至"00:00:14:00"位置，如图 2-146 所示。在"效果控件"面板"方向模糊→方向"输入"0"、"模糊长度"输入"0"，如图 2-148 所示。

图 2-147 时间指针拖至 14 秒

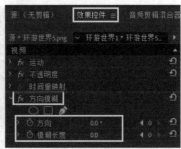

图 2-148 调节属性

第二十八步：选择"效果"面板"风格化→马赛克"，如图 2-149 所示。将"马赛克"分别拖至到素材"环游世界 1""环游世界 2""环游世界 3""环游世界 4"上，如图 2-150 所示。

 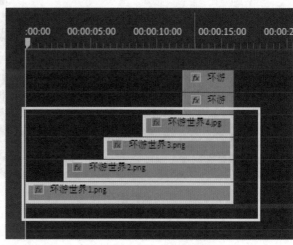

图 2-149　马赛克　　　　　　　　　图 2-150　素材

第二十九步：选择素材"环游世界 1"，将"时间指针"拖至"00:00:00:00"位置，如图 2-151 所示。在"效果控件"模板"马赛克"中"水平块"输入"25"、单击"水平块"的"切换动画"，"垂直块"输入"20"、单击"垂直块"的"切换动画"，如图 2-152 所示。

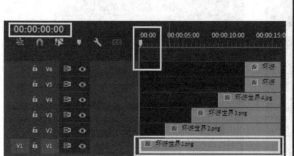 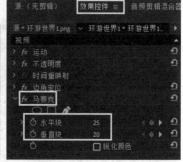

图 2-151　时间指针拖至 0 秒　　　　　图 2-152　调节属性

第三十步：将"时间指针"拖至"00:00:02:00"位置，如图 2-153 所示。在"效果控件"模板"马赛克""水平块"输入"500"、"垂直块"输入"400"，如图 2-154 所示。

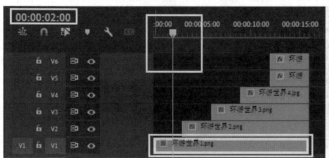 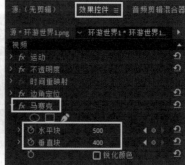

图 2-153　时间指针拖至 2 秒　　　　　图 2-154　调节属性

第三十一步：选择素材"环游世界2"，将"时间指针"拖至"00:00:03:00"位置，如图2-155所示。在"效果控件"模板"马赛克"中"水平块"输入"25"，单击"水平块"的"切换动画"，"垂直块"输入"20"，单击"垂直块"的"切换动画"，如图2-156所示。

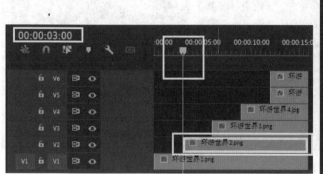
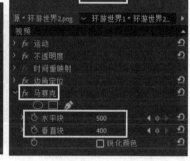

图2-155　时间指针拖至3秒　　　　　　　　　图2-156　调节属性

第三十二步：将"时间指针"拖至"00:00:05:00"位置，如图2-157所示。在"效果控件"模板"马赛克"中"水平块"输入"500"、"垂直块"输入"400"，如图2-158所示。

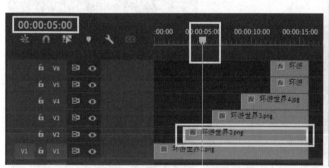

图2-157　时间指针拖至5秒　　　　　　　　　图2-158　调节属性

第三十三步：选择素材"环游世界3"，将"时间指针"拖至"00:00:06:00"位置，如图2-159所示。在"效果控件"模板"马赛克"中"水平块"输入"25"，单击"水平块"的"切换动画"，"垂直块"输入"20"，单击"垂直块"的"切换动画"，如图2-160所示。

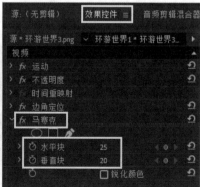
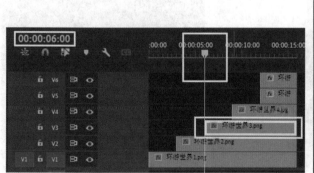

图2-159　时间指针拖至6秒　　　　　　　　　图2-160　调节属性

第三十四步：将"时间指针"拖至"00:00:08:00"位置，如图2-161所示。在"效果控件"模板"马赛克"中"水平块"输入"500"、"垂直块"输入"400"，如图2-162所示。

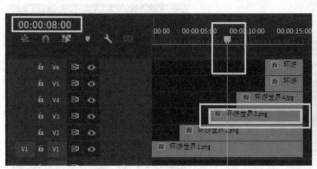
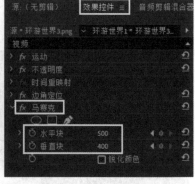

图2-161 时间指针拖至8秒　　　　　图2-162 调节属性

第三十五步：选择素材"环游世界4"，将"时间指针"拖至"00:00:09:00"位置，如图2-163所示。在"效果控件"模板"马赛克"中"水平块"输入"25"，单击"水平块"的"切换动画"，"垂直块"输入"20"，单击"垂直块"的"切换动画"，如图2-164所示。

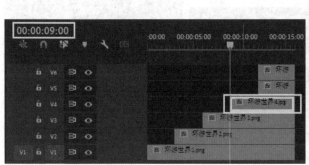
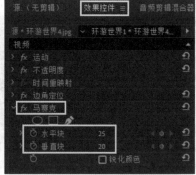

图2-163 时间指针拖至9秒　　　　　图2-164 调节属性

第三十六步：将"时间指针"拖至"00:00:11:00"位置，如图2-165所示。在"效果控件"模板"马赛克"中"水平块"输入"500"、"垂直块"输入"400"，如图2-166所示。

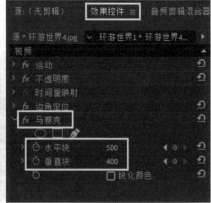

图2-165 时间指针拖至11秒　　　　　图2-166 调节属性

第三十七步：单击菜单"文件→导出→媒体"命令，如图 2-167 所示。在弹出"导出设置"对话框中，"格式"选择"H.264"、"输出名称"输入"环游世界"（同时选择存储路径），单击"导出"，如图 2-168 所示。

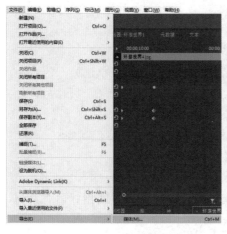

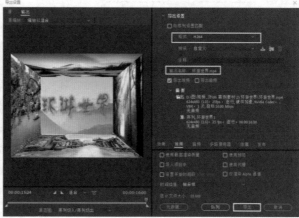

图 2-167　文件导出命令　　　　　　　　　　图 2-168　导出设置对话框

第三十八步：单击播放观察动画最终效果，如图 2-169 所示。

图 2-169　最终效果

本项目通过制作环游世界的片头，使读者对视频特效的相关知识有了初步了解，对属性、关键帧的使用有所了解并掌握，并能够通过所学的相关知识实现"环游世界"节目片头项目的制作。

一、选择题

（1）（　　）可以使枯燥的视频作品充满生趣，丰富效果提升质量。（单选）

　　A. 视频过渡　　　　　　　　B. 视频效果

　　C. 音频过渡　　　　　　　　D. 音频效果

（2）（　　）是选择相应的属性复制到指定的素材上。（单选）

　　A. 复制属性　　　　　　　　B. 粘贴属性

　　C. 剪切属性　　　　　　　　D. 粘贴插入

（3）（　　）则是把复制的素材插入到当前时间指针的位置，如果时间指针后有素材，将自动后移。（单选）

　　A. 复制属性　　　　　　　　B. 粘贴属性

　　C. 剪切属性　　　　　　　　D. 粘贴插入

（4）视频特效包含（　　）。（多选）

　　A. 变换　　　　　　　　　　B. 图像控制

　　C. 实用程序　　　　　　　　D. 频率

（5）（　　）效果可以将素材从上到下进行翻转。（单选）

　　A. 羽化边缘　　　　　　　　B. 水平翻转

　　C. 垂直翻转　　　　　　　　D. 裁剪

二、填空题

（1）（　　）效果中包含的特效都是与素材的各个帧息息相关。

（2）（　　）效果可将选择的颜色替换成新的颜色，同时保留灰色阶。

（3）（　　）效果模拟透过扭曲镜头观看的视觉效果。

（4）（　　）可以提升相邻像素的对比度，使画面变得清晰。

（5）（　　）通过调节"R（红）""G（绿）""B（蓝）"三条曲线，改变材的色彩显示。

三、简答题

（1）简述删除特效效果的三种方法。

（2）简述视频效果中包含的文件夹名称。

四、项目制作

（1）自选静帧或视频素材。

（2）要求使用的视频效果不少于 5 个。

（3）每个视频效果属性的关键帧不少于 4 个。

（4）视频时间长度在 30 秒以上，视频尺寸 1920*1080，输出 MP4 视频格式。

项目三 利用过渡效果制作电子相册

（1）素质目标

通过对项目三的学习和实践过程，重点培养学生的劳动素质，增强实践能力；爱岗敬业，严谨务实，团结协作的职业素质。

（2）知识目标

了解视频过渡的基本概念。

（3）技能目标

熟练掌握视频过渡中的 3D 运动、内滑、擦除、溶解等技术。

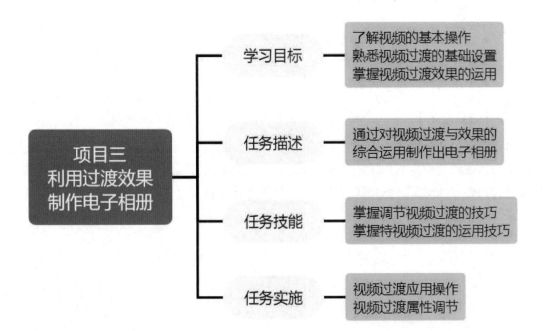

【情境导入】

　　由教育部印发的《大中小学劳动教育指导纲要（试行）》，旨在深入贯彻习近平总书记关于教育的重要论述，全面贯彻党的教育方针。"纲要"指出：劳动素质教育是新时代教育体系的重要组成部分，它不仅关乎个体的成长和发展，更是国家发展和社会进步的基石。根据国家政策文件的要求，劳动教育的核心在于培养学生的爱岗敬业、严谨务实、团结协作的精神。这种教育旨在让学生通过亲身参与劳动实践，体验劳动的价值和乐趣，从而内化劳动精神，形成正确的劳动观念。

　　爱岗敬业是劳动教育的首要目标，要求学生尊重每一份工作，无论职位高低，都应全力以赴，尽职尽责。这种精神的培养，有助于学生在未来的职业生涯中，无论面对何种挑战，都能够坚守岗位，展现出专业和敬业的态度。

　　严谨务实则劳动教育的另一个重要方面。要求学生在劳动过程中，注重细节，追求卓越，以实际行动践行精益求精的工作态度。这种精神的培养，有助于学生在任何工作中都能够脚踏实地，追求实效，不断追求专业技能和工作质量的提升。

　　团结协作精神是劳动教育不可或缺的一部分。在劳动中，学生要学会与他人合作，共同完成任务，这不仅能够提高工作效率，还能够培养学生的团队意识和社会责任感。国家政策文件强调，通过劳动教育，要让学生认识到集体的力量，学会在团队中发挥自己的作用，共同为社会的发展贡献力量。

【任务描述】

- ● 熟练掌握视频过渡的属性调节。
- ● 掌握音频的编辑基本操作。
- ● 使用视频过渡编辑素材。

【效果展示】

　　本章将学习视频过渡与音频的工具和属性，以及在面板中设置视频过渡与音频的方法，了解关键帧音频效果的制作，并掌握创建动态音频效果的方法。通过制作项目案例，练习视频过渡与音频的编辑，提升制作技能，最终能够使用视频过渡与音频丰富视听效果。本项目最终效果图如图 3-1 所示。

图 3-1　项目效果图

技能点一　视频过渡基本运用

视频过渡就是从一个素材转换到另一个素材形成动画效果。"视频过渡"与"视频效果"的很多使用方法十分相似，很多操作、命令的使用可以相互参考。

单击"视频过渡"文件夹的 ▷ 按钮，可将文件夹打开，显示出包含的视频过渡特效，如图 3-2 所示。

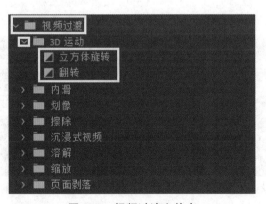

图 3-2　视频过渡文件夹

一、添加视频过渡

添加视频过渡的方法十分简单，主要有三种。

1. 选择需要使用的视频过渡效果，按住鼠标左键将其拖至"时间线"面板中素材的入点，出现 图标松开鼠标左键，即完成视频过渡效果的添加，如图 3-3 所示。

　　2. 选择需要使用的视频过渡效果，按住鼠标左键将其拖至"时间线"面板中素材的出点，出现█图标松开鼠标左键，即完成视频过渡效果的添加，如图 3-4 所示。

　　3. 选择需要使用的视频过渡效果，按住鼠标左键将其拖至"时间线"面板中素材与素材之间交接位置，出现█图标松开鼠标左键即完成视频过渡效果的添加，如图 3-5 所示。

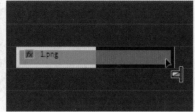

图 3-3　素材入点　　　　　　图 3-4　素材出点　　　　　图 3-5　素材交接位置

　　或是，先选择"时间线"面板中素材的位置，如图 3-6 所示。按键盘快捷键"Shift+D"，在素材上添加视频过渡，如图 3-7 所示。

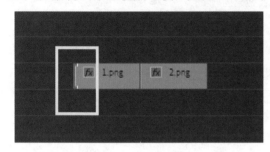

图 3-6　选择素材位置　　　　　　　图 3-7　添加视频过渡

　　使用快捷键添加的视频过渡是默认选择的过渡效果，如图 3-8 所示。选择新的"视频过渡"后单击鼠标右键，选择弹出菜单"将所选过渡设置为默认过渡"，此后再使用快捷键添加的视频过渡，即新设置的"视频过渡"，如图 3-9 所示。

图 3-8　设置默认过渡效果　　图 3-9　设置新的过渡效果

　　"视频过渡"默认的持续时间是"25 帧"。如果需要设置默认持续时间，可使用鼠标右键单击"效果"面板，在弹出的菜单中选择"设置默认过渡持续时间"命令，如图 3-10 所示。单击弹出的"首选项"对话框"时间轴"，在"视频过渡默认持续时间"设置数值，然后单击"确定"按钮，即可更改"默认视频过渡"的持续时间，如图 3-11 所示。

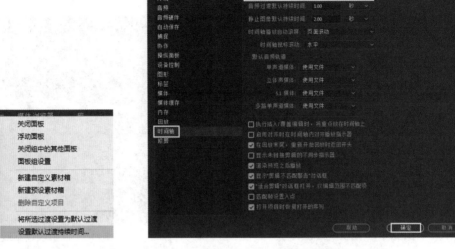

图 3-10　设置默认过渡持续时间　　　　图 3-11　更改视频过渡默认持续时间

二、调节视频过渡的属性

"视频过渡"的属性调节基本相同。通过对属性的调节可对"视频过渡"进行精确控制。例如，导入文件"视频过渡"，单击"效果"面板"视频过渡→擦除→随机块"，如图 3-12 所示。将其拖至"时间线"面板中素材与素材之间交接位置，如图 3-13 所示。

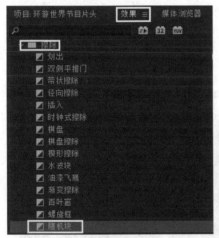

图 3-12　随机块

图 3-13　拖至交接位置

单击"效果控件"面板，观察"随机块"过渡的属性，如图 3-14 所示。在"时间线"面板中，拖动"时间指针"，观察"随机块"过渡效果，如图 3-15 所示。

单击▶图标可预览"随机块"过渡效果，如图 3-16 所示。"持续时间"设置"视频过渡"的播放时间，例如在"持续时间"输入"00：00：02：00"，如图 3-17 所示。

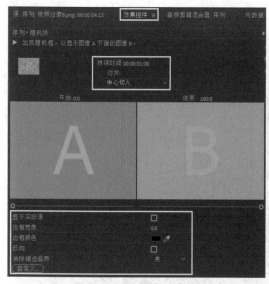

图 3-14 随机块过渡属性

图 3-15 随机块过渡效果

图 3-16 预览效果

图 3-17 持续时间

1. 在"时间线"面板观察"随机块"过渡效果的时间变化，如图 3-18 所示。

2. "对齐"选择"视频过渡"在素材上的位置，如图 3-19 所示。

（1）"中心切入"视频过渡将居中在两个素材之间的位置，在"时间线"面板观察"随机块"过渡位置，如图 3-20 所示。

（2）"起点切入"视频过渡将位于第二个素材的开始位置，在"时间线"面板观察"随机块"过渡位置，如图 3-21 所示。

（3）"终点切入"视频过渡将位于第一个素材的结束位置，在"时间线"面板观察"随机块"过渡位置，如图 3-22 所示。

（4）"自定义起点"在"时间线"面板中使用鼠标左键拖拽"视频过渡"移动，如图 3-23 所示。

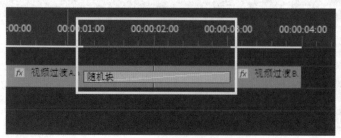

图 3-18 过渡效果时间变化

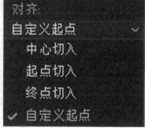

图 3-19 对齐

图 3-20 中心切入

图 3-21 起点切入

图 3-22 终点切入

图 3-23 自定义起点

3. "开始"与"结束"设置"视频过渡"的进程百分比，如图 3-24 所示。

4. "显示实际来源"勾选后，显示素材过渡效果画面，如图 3-25 所示。

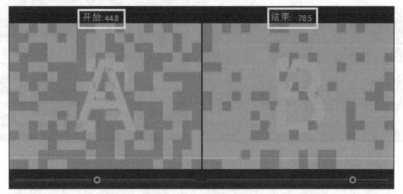

图 3-24 开始与结束

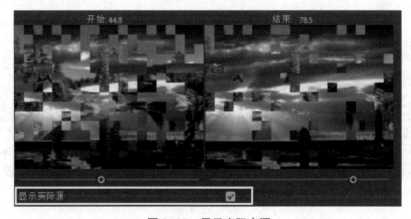

图 3-25 显示实际来源

5. "边框宽度"调节过渡效果的边缘宽度，如图 3-26 所示。在"时间线"面板中观察素材的边框宽度效果，如图 3-27 所示。

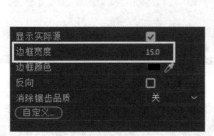

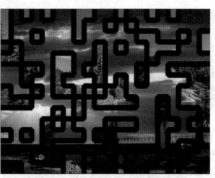

图 3-26　边框宽度　　　　　　　　　　　图 3-27　边框宽度效果

　　6.＂边框颜色＂调节过渡效果的边框色彩（单击拾色器可以选择颜色，或使用吸管吸取颜色），如图 3-28 所示。在＂时间线＂面板中观察素材的边框颜色效果，如图 3-29 所示。

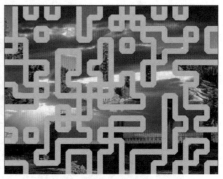

图 3-28　边框颜色　　　　　　　　　　　图 3-29　边框颜色效果

　　7.＂反向＂勾选后，对素材过渡效果的前后位置进行翻转，如图 3-30 所示。在＂时间线＂面板中观察素材的反向效果，如图 3-31 所示。

图 3-30　反向　　　　　　　　　　　　　图 3-31　反向效果

　　8.＂消除锯齿品质＂选择过渡效果边缘的平滑程度，包含＂关＂＂低＂＂中＂＂高＂四个选项，如图 3-32 所示。在＂时间线＂面板中观察素材的抗锯齿品质效果，如图 3-33 所示。

图 3-32　消除锯齿品质　　　　　　　图 3-33　消除齿品质效果

9. "自定义"调节部分过渡的特殊设置（大多数过渡不支持自定义设置），如图 3-34 所示。在"时间线"面板中观察素材的自定义效果，如图 3-35 所示。

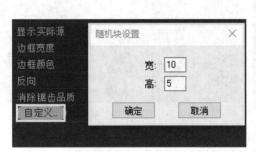

图 3-34　自定义　　　　　　　　　　图 3-35　自定义效果

技能点二　视频过渡的分类应用

"视频过渡"按照不同的分类放置在不同文件夹中，这些文件夹分别是"3D 运动""内滑""划像""擦除""沉浸式视频""溶解""缩放""页面剥落"（由于篇幅所限，不能为展示全部效果，大家可以课后多进行实践操作，一定会有所收获）。

图 3-36　视频过渡文件夹

1.3D 运动。可以模拟三维空间的立体效果，如图 3-37 所示。

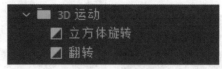

图 3-37　3D 运动

（1）"立方体旋转"通过立方体效果进行素材之间变换，如图 3-38 所示。

（2）"翻转"可以使素材之间沿着"X 轴"或"Y 轴"进行旋转变化，"翻转"过渡带有"自定义"，可以调节素材的分段式与背景颜色，如图 3-39 所示。

图 3-38　立方体旋转　　　　　　　　　　　图 3-39　翻转

2. 内滑。可以模拟滑动形式进行素材之间的变换，如图 3-40 所示。

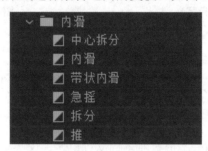

图 3-40　内滑

（1）"中心拆分"第一个素材产生十字分割的过渡效果，如图 3-41 所示。

（2）"内滑"第二个素材将从上、下、左、右、左上、右上、左下、右下等方向覆盖第一个素材，如图 3-42 所示。

　　图 3-41　中心拆分　　　　　　　　　　　　　　图 3-42　内滑

　　3. 划像。可以模拟伸展效果进行素材之间的变换，如图 3-43 所示。

图 3-43　划像

（1）"交叉划像"素材之间产生十字形状放大的过渡效果，如图 3-44 所示。
（2）"圆划像"素材之间产生圆形放大的过渡效果，如图 3-45 所示。

　　图 3-44　交叉划像　　　　　　　　　　　　　图 3-45　圆划像

　　4 擦除。可以模拟素材之间擦除的过渡变换效果，如图 3-46 所示。

图 3-46　擦除

（1）"划出"第二个素材将从上、下、左、右、左上、右上、左下、右下等方向划出覆盖第一个素材，如图 3-47 所示。

（2）"时钟式擦除"第二个素材将从上、下、左、右、左上、右上、左下、右下等方向，顺时针画圆周覆盖第一个素材，如图 3-48 所示。

图 3-47　划出

图 3-48　时钟式擦除

5. 沉浸式视频。可以模拟虚拟现实的效果，如图 3-49 所示。

图 3-49　沉浸式视频

"VR光圈擦除"素材之间产生光圈擦除的过渡效果，如图 3-50 所示。在"效果控件"面板中，观察"VR光圈擦除"属性。

（1）"自动VR属性"勾选后，显示VR属性（只显示"目标点""羽化"）。

（2）"帧布局"选择VR光圈擦除过渡的样式，包含"单像""立体-上下""立体-并排""水平视角"调节VR光圈擦除过渡的水平方向的范围。

（3）"垂直视角"调节VR光圈擦除过渡的垂直方向的范围。

（4）"目标点"设置VR光圈擦除过渡水平方向与垂直方向的位置。

（5）"羽化"调节VR光圈擦除过渡的虚化程度，如图 3-51 所示。

图 3-50 VR光圈擦除   图 3-51 VR光圈擦除属性

6. 溶解。可以模拟淡入淡出的效果，如图 3-52 所示。

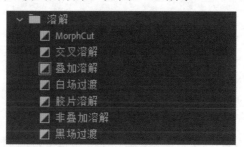

图 3-52 溶解

（1）"交叉溶解"淡化第一个素材显示出第二个素材，如图 3-53 所示。

（2）"叠加溶解"第一个素材提亮后淡化显示出第二个素材，如图 3-54 所示。

图 3-53 交叉溶解   图 3-54 叠加溶解

7. 缩放。可以模拟缩放大小的过渡效果，如图 3-55 所示。

图 3-55 缩放

"交叉缩放"先放大个素材再缩小素材直至合适的大小，如图 3-56 所示。

图 3-56 交叉缩放

8. 页面剥落。页面剥落可以模拟翻阅纸张的过渡效果。其中包含"翻页""页面剥落"，如图 3-57 所示。

图 3-57 页面剥落

（1）"翻页"第一个素材可沿左上、右上、左下、右下方向翻页显示出第二个素材，如图 3-58 所示。

（2）"页面剥落"与"翻页"过渡效果类似，但立体感更强且背面呈银灰色显示，如图 3-59 所示。

图 3-58 翻页

图 3-59 页面剥落

通过以上学习，读者可以了解视频过渡、音频效果与过渡的基本操作、属性设置。为了巩固所学知识，通过以下几个步骤，使用相关学习知识制作"电子相册"，最终效果如图3-60所示。

图 3-60　电子相册效果图

第一步：打开软件，单击菜单"文件→新建→项目"命令，如图 3-61 所示。在弹出"新建项目"对话框的"名称"输入"电子相册""位置"选择相应的存储路径，如图 3-62 所示。

文件(F)	编辑(E)	剪辑(C)	序列(S)	标记(M)	图形(G)	视图(V)	窗口(W)	帮助(H)

新建(N)　　　　　　　　　　　　　　　　＞　　　项目(P)...　　　　　　　Ctrl+Alt+N

打开项目(O)...　　　　　　Ctrl+O　　　　　作品(R)...

打开作品(P)...　　　　　　　　　　　　　　　序列(S)...　　　　　　　Ctrl+N

打开最近使用的内容(E)　　　　　　　＞　　　来自剪辑的序列

图 3-61　新建项目

图 3-62　输入项目名称

第二步：单击菜单"编辑→首选项→常规"，如图 3-63 所示。在弹出"首选项"对话框中，单击"时间轴""静止图像默认持续时间"输入"400"，如图 3-64 所示。

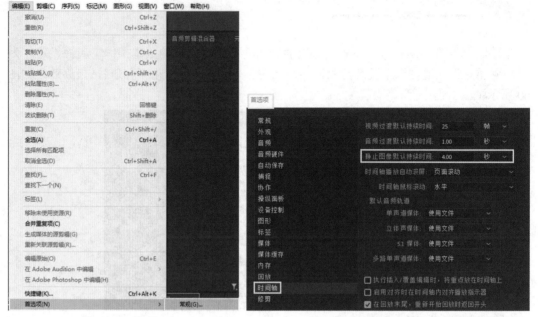

图 3-63 常规　　　　　　　　　　　　　图 3-64 静止图像默认持续时间

第三步：将素材"花 1""花 2""花 3""花 4""花 5""花 6""花 7""花 8""花 9""花 10""花 11""花 12"导入项目面板之中，如图 3-65 所示。将这些素材按照顺序直接拖入到"时间线面板"中，如图 3-66 所示。

图 3-65 导入素材　　　　　　　　　　　图 3-66 素材拖入时间线面板

第四步：单击"效果→视频过渡→3D 运动→立方体旋转"，如图 3-67 所示。在"效果控件"面板"花*立方体旋转"中勾选"反向"，如图 3-68 所示。在"时间线面板"中将"立方体旋转"过渡拖至素材"花 1""花 2"之间，如图 3-69 所示。

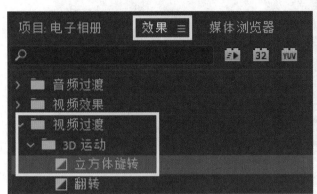

图 3-67 立方体旋转

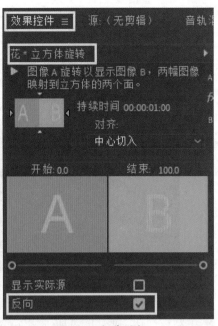

图 3-68 勾选反向

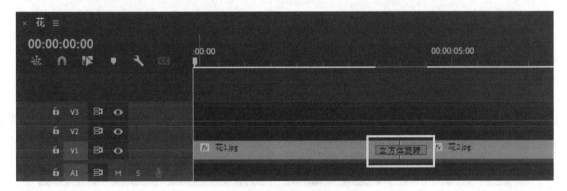

图 3-69 拖至交接位置

第五步：依次将"视频过渡"中的"中心拆分""拆分""盒形划像""棋盘擦除""随机快""随机擦除""叠加溶解""交叉溶解""交叉缩放""翻页""白场过渡"等过渡效果放置在素材之间，如图 3-70 所示。播放视频观察效果，如图 3-71 所示。

图 3-70 过渡效果放置素材之间

图 3-71 观察效果

第六步：在"时间线面板"单击素材"花 1"，将"时间指针"拖至"00:00:00:00"位置，如图 3-72 所示。在"效果控件"面板中在"缩放"输入"120"，单击其"切换动画"，如图 3-73 所示。

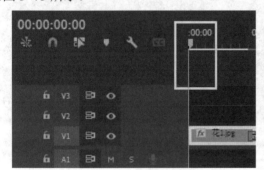

图 3-72 时间指针拖至 0 帧

图 3-73 输入缩放值 120

第七步：将"时间指针"拖至"00:00:04:00"位置，如图 3-74 所示。在"效果控件"面板中在"缩放"输入"100"，如图 3-75 所示。

图 3-74 时间指针拖至 4 秒

图 3-75 输入缩放值 100

第八步：在"时间线面板"单击素材"花2"，将"时间指针"拖至"00:00:04:00"位置，在"效果控件"面板中"缩放"输入"100"，单击其"切换动画"，如图3-76所示。将"时间指针"拖至"00:00:08:00"位置，在"效果控件"面板中"缩放"输入"120"，如图3-77所示。

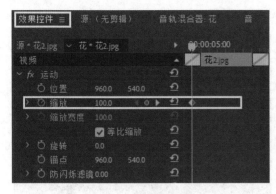

图3-76 缩放输入100　　　　　　　图3-77 缩放输入120

第九步：在"时间线面板"单击素材"花3"，将"时间指针"拖至"00:00:08:00"位置，在"效果控件"面板中"旋转"输入"-3"，单击其"切换动画"，如图3-78所示。将"时间指针"拖至"00:00:12:00"位置，在"效果控件"面板中"旋转"输入"0"，如图3-79所示。

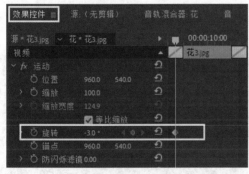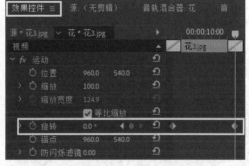

图3-78 旋转输入-3　　　　　　　图3-79 旋转输入0

第十步：在"时间线面板"单击素材"花4"，将"时间指针"拖至"00:00:12:00"位置，在"效果控件"面板中"位置"输入"460、540"，单击其"切换动画"，如图3-80所示。将"时间指针"拖至"00:00:16:00"位置，在"效果控件"面板中"位置"输入"966、540"，如图3-81所示。

图3-80 位置输入460、540　　　　　图3-81 位置输入966、540

第十一步：在"时间线面板"单击素材"花5"，将"时间指针"拖至"00:00:16:00"位置，在"效果控件"面板中"缩放"输入"200"，"旋转"输入"-90"，单击其"切换动画"，如图3-82所示。将"时间指针"拖至"00:00:19:00"位置，在"效果控件"面板中"缩放"输入"100"，"旋转"输入"0"，如图3-83所示。

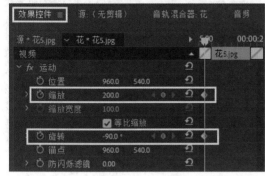 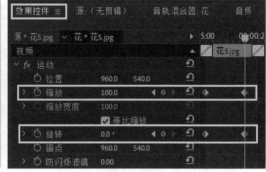

图3-82　缩放旋转数值第一个关键帧　　　　图3-83　缩放旋转数值第二个关键帧

第十二步：在"时间线面板"单击素材"花6"，将"时间指针"拖至"00:00:20:00"位置，在"效果控件"面板中"位置"输入"0、540"，"缩放"输入"200"，单击其"切换动画"，如图3-84所示。将"时间指针"拖至"00:00:23:00"位置，在"效果控件"面板中"位置"输入"960、540"，"缩放"输入"100"，如图3-85所示。

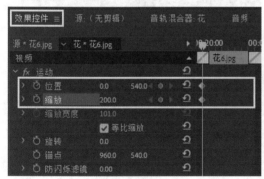 

图3-84　位置缩放数值第二个关键帧　　　　图3-85　位置缩放数值第二个关键帧

第十三步：在"时间线面板"单击素材"花7"，将"时间指针"拖至"00:00:24:00"位置，在"效果控件"面板中"缩放"输入"90"，"旋转"输入"3"，单击其"切换动画"，如图3-86所示。将"时间指针"拖至"00:00:28:00"位置，在"效果控件"面板中"缩放"输入"101"，"旋转"输入"0"，如图3-87所示。

第十四步：在"时间线面板"单击素材"花8"，将"时间指针"拖至"00:00:28:00"位置，在"效果控件"面板中"位置"输入"960、500"，"缩放"输入"200"，单击其"切换动画"，如图3-88所示。将"时间指针"拖至"00:00:32:00"位置，在"效果控件"面板中"位置"输入"960、540"，"缩放"输入"100"，如图3-89所示。

图 3-86　缩放旋转数值第一个关键帧　　　　图 3-87　缩放旋转数值第二个关键帧

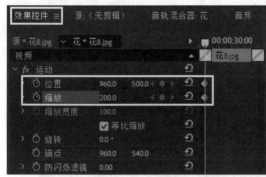

图 3-88　位置缩放数值第一个关键帧　　　　图 3-89　位置缩放数值第二个关键帧

第十五步：在"时间线面板"单击素材"花 9"，将"时间指针"拖至"00:00:32:00"位置，在"效果控件"面板中"缩放"输入"150"，单击其"切换动画"，如图 3-90 所示。将"时间指针"拖至"00:00:36:00"位置，在"效果控件"面板中"缩放"输入"100"，如图 3-91 所示。

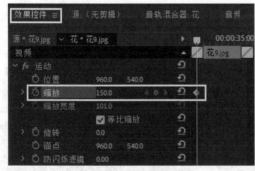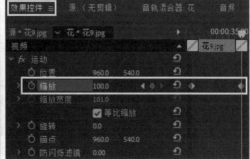

图 3-90　缩放输入 150　　　　　　　　图 3-91　缩放输入 100

第十六步：在"时间线面板"单击素材"花 10"，将"时间指针"拖至"00:00:39:00"位置，选择"效果"面板"视频效果→模糊与锐化→高斯模糊"，如图 3-92 所示。将"高斯模糊"拖至素材"花 10"上，在"效果控件"面板中"模糊度"输入"0"，单击其"切换动画"，勾选"重复边缘像素"，如图 3-93 所示。

图 3-92　高斯模糊

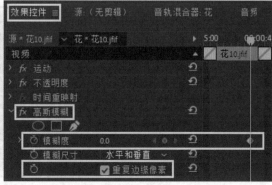

图 3-93　重复边缘像素

第十七步：将"时间指针"拖至"00:00:40:00"位置，在"效果控件"面板中"模糊度"输入"50"，如图 3-94 所示。在"时间线面板"单击素材"花 11"，将"时间指针"拖至"00:00:40:00"位置，选择"效果"面板中"视频效果→模糊与锐化→高斯模糊"，如图 3-95 所示。

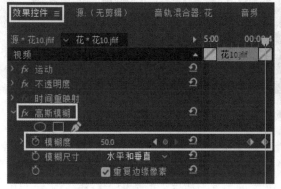

图 3-94　模糊度

图 3-95　高斯模糊

第十八步：将"高斯模糊"拖至素材"花 11"上，在"效果控件"面板中"模糊度"输入"50"，单击其"切换动画"，勾选"重复边缘像素"，如图 3-96 所示。将"时间指针"拖至"00:00:43:00"位置，在"效果控件"面板中"模糊度"输入"0"，如图 3-97 所示。

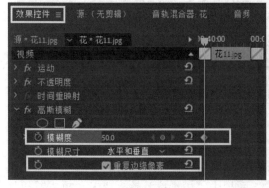

图 3-96　重复边缘像素

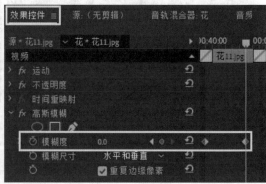

图 3-97　调节模糊度

第十九步：在"时间线面板"单击素材"花12"，将"时间指针"拖至"00:00:44:00"位置，在"效果控件"面板中"位置"输入"-300、900"，"缩放"输入"300"，单击其"切换动画"，如图3-98所示。将"时间指针"拖至"00:00:46:00"位置，在"效果控件"面板中"位置"输入"960、540"，"缩放"输入"100"，如图3-99所示。

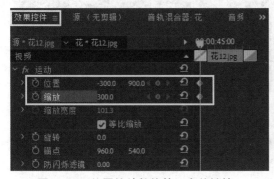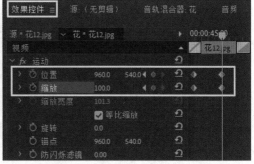

图3-98　位置缩放数值第一个关键帧　　　　　　图3-99　位置缩放数值第二个关键帧

第二十步：在"时间线面板"单击素材"花1"，在"效果控件"面板中第一个关键帧上单击鼠标右键，在弹出的菜单中选择"缓入"（可以选择其它素材的第一个关键帧设置"缓入"效果），如图3-100所示。在"效果控件"面板中第二个关键帧上单击鼠标右键，在弹出的菜单中选择"缓出"（可以选择其它素材的第二个关键帧设置"缓出"效果），如图3-101所示。

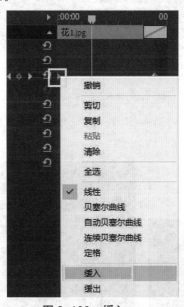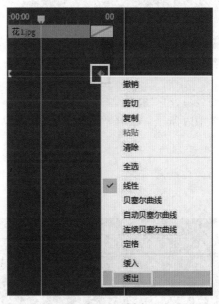

图3-100　缓入　　　　　　　　　　　　图3-101　缓出

第二十一步：将"电子相册"文件保存，重新新建一个文件。在"项目"面板中单击鼠标右键，在弹出的菜单中选择"新建项目"中"颜色遮罩"，如图3-102所示。在"新建颜色遮罩"面板"宽度"输入"1000"、"高度"输入"1000"，如图3-103所示。

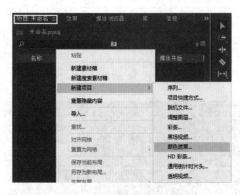

图 3-102   创建颜色遮罩

图 3-103   设置颜色遮罩

第二十二步：在弹出的"拾色器"中选择"白色"，如图 3-104 所示。在弹出的"选择名称"中创建遮罩名称（本案例使用默认名称），单击"确定"，如图 3-105 所示。

图 3-104   拾色器选择白色

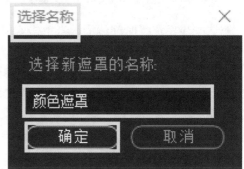

图 3-105   创建遮罩名称

第二十三步：将"颜色遮罩"拖至"时间线"面板中（"颜色遮罩"时间长度显示 4 秒钟），如图 3-106 所示。选择"效果"面板"视频过渡→擦除→渐变擦除"，如图 3-107 所示。

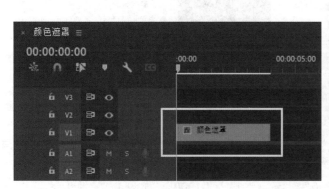

图 3-106   拖至时间线面板

图 3-107   渐变擦除

第二十四步：将"渐变擦除"拖至"时间线"面板的"颜色遮罩"上，如图 3-108 所示。在弹出的"渐变擦除设置"面板单击"选择图像"，如图 3-109 所示。

图 3-108　添加渐变擦除

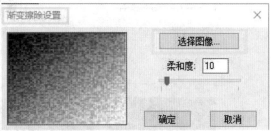

图 3-109　渐变擦除设置

第二十五步：在"打开"面板中单击素材"花"，单击"打开"，如图 3-110 所示。"渐变擦除设置"面板单击"确定"，如图 3-111 所示。

图 3-110　选择素材

图 3-111　渐变擦除效果

第二十六步：在"节目监视器"显示文字动画，如图 3-112 所示。在"时间线面板"中单击"渐变擦除"，在"效果控件"面板"持续时间"输入"00:00:04:00"，如图 3-113 所示。

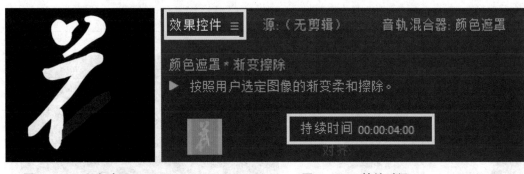

图 3-112　文字动画　　　　　　　　　图 3-113　持续时间

第二十七步：单击"菜单""文件→导出→媒体"，如图 3-114 所示。在"导出面板"中"格式"选择"TIFF"、"输出名称"输入"文字花"，同时选择渲染的存放路径，如图 3-115 所示。

图 3-114 导出媒体

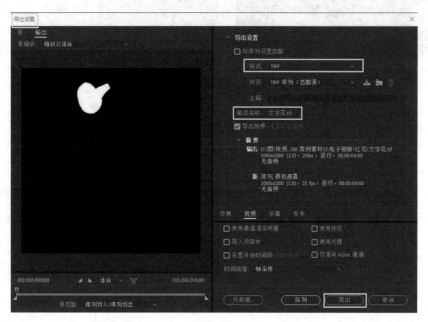

图 3-115 导出设置

第二十八步：将此文件命名"文字动画"进行保存，重新新建一个文件。在"项目"面板中单击鼠标右键，在弹出的菜单中选择"新建项目""颜色遮罩"，如图 3-116 所示。在"新建颜色遮罩"面板"宽度"输入"1000"、"高度"输入"1000"，如图 3-117 所示。

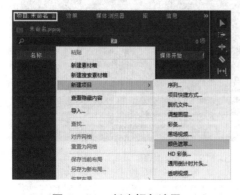

图 3-116 新建颜色遮罩

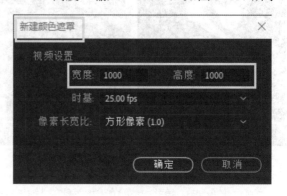

图 3-117 设置颜色遮罩

第二十九步：在弹出的"拾色器"中选择"红色"，如图 3-118 所示。在弹出的"选择名称"中创建遮罩名称（本案例使用默认名称），单击"确定"，如图 3-119 所示。

图 3-118　选择红色

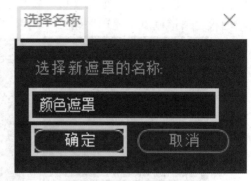

图 3-119　创建遮罩名称

第三十步：单击"菜单""文件""导入"，如图 3-120 所示。在弹出的"导入"面板中选择素材"文字花 000"，勾选"图像序列"，单击"确定"，如图 3-121 所示。

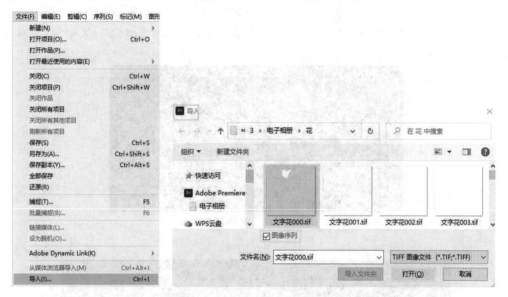

图 3-120　导入

图 3-121　选择图像序列

第三十一步：将"项目"面板中"颜色遮罩"与"文字花"拖至"时间线面板"中，"文字花"在"颜色遮罩"之上，如图 3-122 所示。选择"效果"面板"视频效果""键控""轨道遮罩键"，如图 3-123 所示。

图 3-122　颜色遮罩与文字花

图 3-123　轨道遮罩键

　　第三十二步：将"轨道遮罩键"拖至"颜色遮罩"中，如图 3-124 所示。在"效果控件"面板"轨道遮罩→遮罩"选择"视频 2"，如图 3-125 所示。

 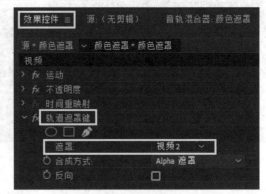

图 3-124　轨道遮罩键拖至颜色遮罩　　　　　　图 3-125　遮罩选择视频 2

　　第三十三步：在"节目监视器"显示文字颜色，如图 3-126 所示。单击"菜单→文件→导出→媒体"。在"导出面板"中"格式"选择"TIFF"、"输出名称"输入"红文字花"，同时选择渲染的存放路径，如图 3-127 所示。

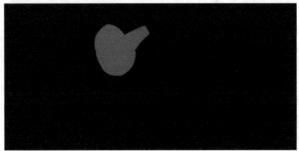

图 3-126　文字颜色

图 3-127　导出设置

第三十四步：在"项目"面板单击鼠标右键，在弹出对话框中选择"导入"，如图 3-128 所示。选择素材"红文字花"将其导入，同时拖至"视频轨道 2"之中，对齐"0 帧"位置，如图 3-129 所示。

图 3-128　导入对话框　　　　　图 3-129　导入素材

第三十五步：导入素材"之国"缩短至"00:00:03:00"时间长度，将其拖至"视频轨道 3"之中，对齐"00:00:01:00"位置，如图 3-130 所示。在"效果控件""位置"输入"1245、375"，如图 3-131 所示。

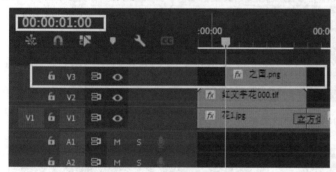
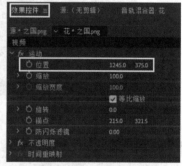

图 3-130　拖动时间指针　　　　　图 3-131　设置位置

第三十六步：选择素材"红文字花"。在"效果控件"菜单"位置"输入"700、570"，如图 3-132 所示。单击"效果→视频过渡→溶解→交叉溶解"拖至到"视频轨道 2"上"红文字花"的入点位置。单击"效果→视频过渡→沉浸式视频→VR 渐变擦除"拖至"视频轨道 2"上"红文字花"的出点位置，如图 3-133 所示。

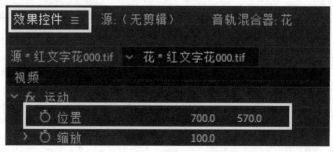

图 3-132　位置

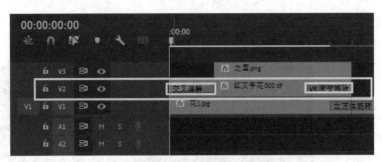

图 3-133　过渡效果

　　第三十七步：单击"效果""视频过渡→溶解→叠加溶解"拖至到"视频轨道 3"素材"之国"的入点与出点位置，如图 3-134 所示。在"项目"面板选择"导入"，将素材"文字 1"导入，缩短至"00:00:03:00"时间长度，放置"视频轨道 2"，对齐"00:00:05:00"位置，如图 3-135 所示。单击"效果→视频过渡→溶解→叠加溶解"拖至"文字 1"入点，"黑场过渡"拖至到出点位置，如图 3-136 所示。

图 3-134　过渡效果拖至入点与出点

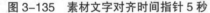

图 3-135　素材文字对齐时间指针 5 秒

图 3-136　添加过渡效果

　　第三十八步：在"项目"面板单击鼠标右键，在弹出对话框中选择"导入"，将素材"文字 2"导入，缩短至"00:00:03:00"时间长度，放置"视频轨道 2"，对齐"00:00:13:00"位置，如图 3-137 所示。单击"效果""视频过渡→溶解→胶片溶解"拖至"文字 2"入点与出点位置，如图 3-138 所示。

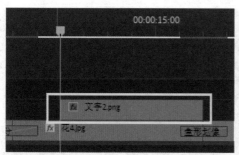

图 3-137　素材文字 2 对齐时间指针 13 秒

图 3-138　胶片溶解拖至入点与出点

第三十九步：在"项目"面板单击鼠标右键，在弹出对话框中选择"导入"，将素材"文字 3"导入，缩短至"00:00:03:00"时间长度，放置"视频轨道 2"，对齐"00:00:21:00"位置，如图 3-139 所示。单击"效果""视频过渡""沉浸式视频""VR 漏光"拖至"文字 2"入点，"VR 色度泄漏"拖至出点位置，如图 3-140 所示。

图 3-139　素材文字 3 对齐时间指针 21 秒

图 3-140　过渡效果分别拖至入点与出点

第四十步：在"项目"面板单击鼠标右键，在弹出对话框中选择"导入"，将素材"文字 4"导入，缩短至"00:00:03:00"时间长度，放置"视频轨道 2"，对齐"00:00:29:00"位置，如图 3-141 所示。单击"效果""视频过渡→溶解→交叉溶解"拖至"文字 4"入点与出点位置，如图 3-142 所示。

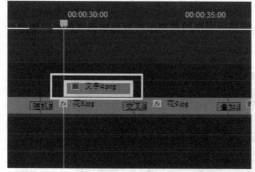

图 3-141　素材文字 4 对齐时间指针 29 秒

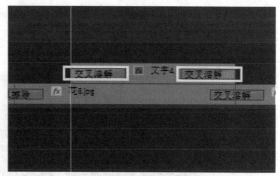

图 3-142　交叉溶解拖至入点与出点

第四十一步：在"项目"面板单击鼠标右键，在弹出对话框中选择"导入"，将素材"文字 5"导入，缩短至"00:00:03:00"时间长度，放置"视频轨道 2"，对齐"00:00:37:00"位置，如图 3-143 所示。单击"效果→视频过渡→擦除→百叶窗"拖至到"文字 4"入点，"随机擦除"拖至出点位置，如图 3-144 所示。

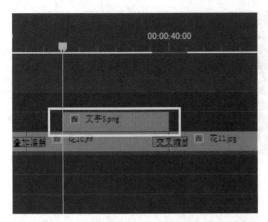

图 3-143　素材文字 5 对齐时间指针 37 秒

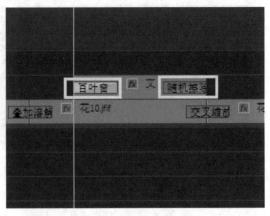

图 3-144　过渡效果分别拖至入点与出点

第四十二步：在"项目"面板单击鼠标右键，在弹出对话框中选择"导入"，将素材"文字 6"导入，缩短至"00:00:03:00"时间长度，放置"视频轨道 2"，对齐"00:00:45:00"位置，如图 3-145 所示。单击"效果→视频过渡→沉浸式视频→VR 光圈擦除"拖至"文字 6"入点与出点位置，如图 3-146 所示。

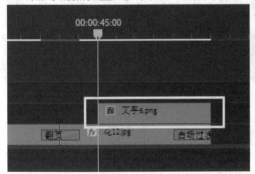

图 3-145　素材文字 6 对齐时间指针 45 秒

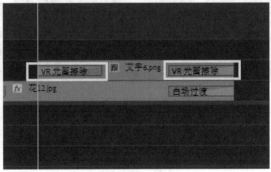

图 3-146　VR 光圈擦除拖至入点与出点

第四十三步：在"项目"面板单击鼠标右键，在弹出对话框中选择"导入"，将音频素材"背景音乐"导入"项目"面板，如图 3-147 所示。单击"效果""音频效果""混响""室内混响"拖至音频素材"背景音乐"，如图 3-148 所示。

图 3-147　导入素材

图 3-148　室内混响

第四十四步：单击"效果→音频过渡→交叉淡化→恒定增益"拖至到音频素材"背景音乐"入点位置，如图 3-149 所示。单击"效果→音频过渡→交叉淡化→指数淡化"拖至音频素材"背景音乐"出点位置，如图 3-150 所示。

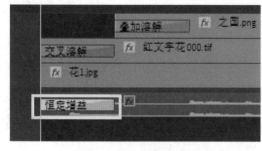

图 3-149　恒定增益

图 3-150　指数淡化

第四十五步：单击菜单"文件→导出→媒体"命令，如图 3-151 所示。在弹出"导出设置"对话框中，"格式"选择"H.264"、"输出名称"输入"电子相册"（同时选择存储路径），单击"导出"，如图 3-152 所示。

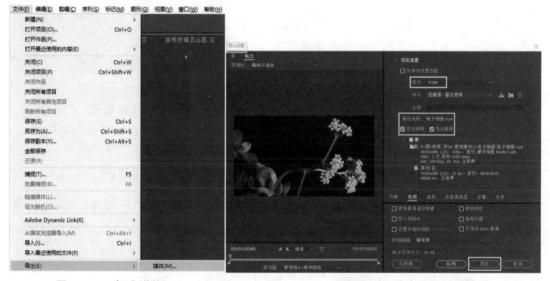

图 3-151　恒定增益　　　　　　　　　　　　　图 3-152　导出设置对话框

第四十六步：播放视频观察效果，如图 3-153 所示。

图 3-153　最终效果

本项目通过制作电子相册,使读者对音视频制作相关知识有了初步了解,对音视频过渡命令的使用有所了解并掌握,并能够通过所学的相关知识实现"电子相册"项目的制作。

一、选择题

(1)(　　)就从一个素材转换到另一个素材,素材之间的切换形成动画效果。(单选)

　　A. 视频过渡　　　　B. 音频过渡　　　　C. 视频效果　　　　D. 音频效果

(2)"视频过渡"按照不同的分类放置在不同文件夹中,这些文件夹分别是(　　　　)。(多选)

　　A. 内滑　　　B. 划像　　　C. 擦除　　　D. 溶解

(3)(　　)视频过渡将居中在两个素材之间的位置。(单选)

　　A. 起点切入　　　B. 中心切入　　　C. 终点切入　　　D. 自定义起点

(4)(　　)可以帮助提高声音质的量或创建特殊的声音效果。(多选)

　　A. 视频过渡　　　　B. 音频过渡　　　　C. 视频效果　　　　D. 音频效果

(5)(　　)可以对音频素材施加叠化,或在音频素材的入点和出点位置分别制作淡入淡出效果。(单选)

　　A. 交叉淡化　　　B. 25 恒定功率　　C. 恒定增益　　　D. 指数淡化

二、填空题

(1)视频过渡中(　　　　)可以调节过渡效果的边缘宽度。

(2)视频过渡中(　　　　)可以模拟三维空间的立体效果。

(3)视频过渡中(　　　　)可以模拟淡入淡出的效果。

(4)音频效果中(　　　　)可以模拟声音的回声效果。

(5)音频效果中(　　　　)可以增添音频的声学空间的效果。

三、简答题

(1)简述视频过渡效果放置到素材上的方法。

(2)简述视频过渡"随机块"效果的属性作用。

四、项目训练制作要求

(1)使用静帧素材、视频素材不少于 15 段。

(2)视频过渡效果使用不少于 10 种。

(3)每个过渡效果的属性调节不少于 3 个。

(4)素材之间的过渡要自然和谐、美观流畅。

(5)视频时间长度在 60 秒以上,视频尺寸 1920*1080,输出 MP4 视频格式。

项目四　利用调色工具调节视频色彩

（1）素质目标

通过对项目四的学习和实践过程，重点培养学生审美素质，具有健康高雅的审美意识；具有感受美、表现美、鉴赏美、创造美的能力。

（2）知识目标

了解色彩模式和属性的基本概念。

（3）技能目标

熟练掌握视频中的复杂调色技术、示波器的使用、Lumetri 色彩控制技术。

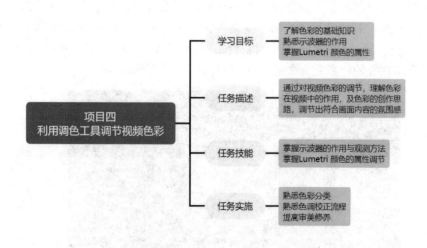

【情境导入】

美育教育在国家政策文件中被赋予了重要的地位，其重要性体现在培养学生的审美素质和审美意识，以及感受美、表现美、鉴赏美、创造美的能力。《教育部关于全面实施学校美育浸润行动的通知》（教体艺〔2023〕5 号）明确指出，美育教育的目标是提升学生的审美素养、陶冶情操、温润心灵、激发创新创造活力，培养德智体美劳全面发展的社会主义建设者和接班人。这一文件强调了美育在素质教育中的核心地位，要求将美育融入教育教学活动的各个环节，以实现潜移默化的育人效果。

《关于全面加强和改进新时代学校美育工作的意见》进一步强调了美育对于提高学生审美和人文素养的目标，将美育纳入各级各类学校人才培养的全过程，贯穿学校教育的各个学段。这一政策文件明确了新时代学校美育的发展方向，强化了学校美育的育人功能，对引导全社会重视美育的价值、营造共同促进学校美育发展的社会氛围，具有重要的示范带动意义。

【任务描述】

- 掌握 Lumetri 范围的使用方法
- 掌握 Lumetri 颜色的调节方法

【效果展示】

除了本身的物理属性，色彩在视频中的主观作用更重要，成功的调色可以赋予视频以情感、美感及艺术感。多用于强调情节、渲染气氛、讲述剧情，可以辅助视频画面效果，或是剧情走向。通过视频调色项目案例，将会练习视频的基本调色流程，提升调色的技能，最终能够完成企业标准的色彩效果制作。本项目最终效果图如图 4-1 所示。

图 4-1　项目最终效果图

技能点一 色彩的基础知识

色彩，即人看到光所引起的一种视觉感受。色彩也通过人的感官，对人的生理与心理产生作用，也可以简单地理解成为，有光就有色彩，没光就没有色彩。也就是说，物体本身并不存储色彩，我们之所以能够看到物体的颜色，是由于物体吸收了光，然后按照不同的波长将光反射出来，就形成了色彩。所以世界上的色彩是无穷尽的，我们可以观察到的大部分色彩，都可以使用计算机进行模拟。因此可以说，调色其实就是利用计算机对色彩重新进行模拟设置的一个过程。

一、色彩的模式

色彩模式是计算机通过数字程序显示颜色的一种方式。在计算机的数字世界中，是将颜色划分为若干分量表示不同颜色。由于成色原理的不同，颜色显示设备与颜色印刷设备的色彩模式也有区别。

1. RGB 模式

RGB 模式即表示"红、绿、蓝"三个颜色通道，也就是"光学三原色"。

通常情况下，RGB 三色各有 256 级，用数字 0 到 255 表示，按照计算总共能组合出约 1678 万种颜色，通过 RGB 的变化及相互重叠增减，混合不同的比例得到的颜色，基本可以模拟出人类所能感知的全部色彩，所以在数字领域中，RGB 模式是运用最广泛的色彩模式，主要应用在电子设备中色彩显示和视频的输出等方面，如图 4-2 所示。

2. YUV 模式

YUV 模式是一种颜色编码格式，通常用于数字图像和视频处理。其中"Y"表示明亮度（灰度值）、"U"与"V"分别表示蓝色色度分量与红色色度分量，可以调节色彩及饱和度（颜色），如图 4-3 所示。

3. CMYK 模式

CMY 是色料三原色，分别对应青、品红、黄，CMY 等量混合后的颜色是深灰色，所以增添了一个独立的 K 对应黑色。CMYK 模式多用于制版、印刷等领域，利用色料对光的吸收、透射和反射，产生不同的颜色，如图 4-4 所示。

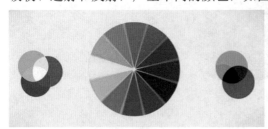
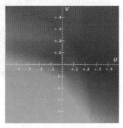

图 4-2 RGB 模式　　　图 4-3 YUV 模式　　　图 4-4 CMYK 模式

二、色彩的属性

色彩既是感受也是信息，可以起到丰富画面情绪、营造氛围意境的作用。不同的颜色能够表示不同的情感，色彩能刺激到感官神经，也能影响到情绪心态。而色彩又是由"色相""饱和度""明度"（在软件中也会缩写"HSV"或"HSL"）组合而成，这三者也是构成色彩的基本属性。

1. 色相。色相可以简单理解成颜色的相貌，也是用以区别颜色的不同之处，如红色、绿色、蓝色等。

不同的色相可以给人们带来不同的视觉感受与心理联想，当看到红色就会感觉温暖，蓝色就会感到清爽，因此色相也被分成暖色、冷色两大色调。"黑、白、灰"三色没有明显的冷暖倾向则被称作"中性色"，而在调色的工作过程中，中性色的作用十分重要，能够控制视频整体的氛围色彩。

如果将可见光谱分解的颜色按顺序围成一个圆，便可以得到一个色环，在后期的配色工作可以利用色环进行参考，如图4-5所示。

（1）同类色，选择一种色彩在其夹角60度范围以内的色彩，特点是对比差异不大且协调统一，配合使用能够呈现出沉稳、平和的视觉效果。

（2）邻近色，即选择一种色彩在其夹角呈90度左右的颜色，特点是具有反差效果与冷暖明暗对比，配合使用能够呈现出丰富、细腻的视觉效果。

（3）对比色，即选择一种色彩在其夹角呈120度左右的颜色，特点是具有强烈对比性，配合使用能够呈现强烈的视觉冲击力，常用于强调主题的作用。

（4）互补色，即选择一种色彩在其夹角呈180度左右的颜色，特点是具有强烈矛盾冲突，配合使用能够呈现强烈的分裂感，通常需要使用其他颜色进行辅助或点缀。

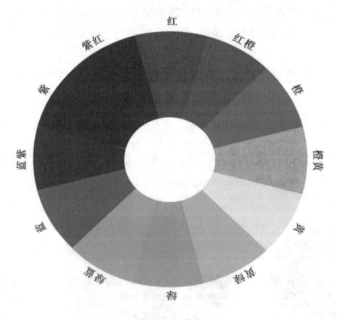

图4-5　色相

2. 饱和度。饱和度是指颜色的纯度。

（1）饱和度的大小是取决于该色中含色成分和消色成分（灰色）的比例。

（2）含色成分越大，饱和度越大色彩越鲜艳，则产生强烈、艳丽的感觉

（3）消色成分越大，饱和度越小色彩越暗淡，则产生内涵、淡雅的感觉。

即便是同一色相，饱和度不同也会呈现出不同的颜色。例如，大红与浅红相比较会更红，也就是饱和度更高，如图 4-6 所示。

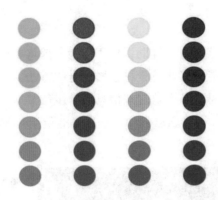

图 4-6　饱和度

3. 明度。明度是指颜色的亮度，相当于在一个颜色里面增添黑色或白色，表现出的不同明暗程度。

（1）增添的白色越多明度越高

（2）增添的黑色越多明度越低

明度分两种，一种是相同色相的不同明度，一种是不同色相的不同明度，都是可以呈现不同的颜色。合理运用明度可以让产生强烈空间感，使画面富有立体感和层次感，如图 4-7 所示。

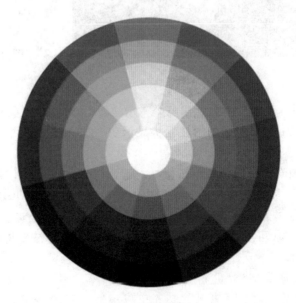

图 4-7　明度

技能点二　示波器的使用方法

示波器就是色彩的监视器，对于辅助调色工作十分的重要，是色彩校正或调色工作中必不可少的工具，也是唯一能准确测量素材色彩信号的方法。其工作原理就是将视频中所有像素解析成亮度和色度信息，从而对这些信息进一步调节。

例如，将"湖面调色"文件导入软件中，如图 4-8 所示。单击"菜单→窗口→Lumetri 范围"，如图 4-9 所示。

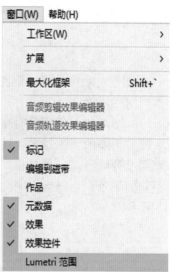

图 4-8　导入文件　　　　　　　　　　　图 4-9　Lumetri 范围

此时，在"Lumetri 范围"中显示出三个"示波器"，分别是"矢量示波器 YUV""分量（RGB）""波形（YC）"（勾选的示波器将显示在"Lumetri 范围"面板之中），如图 4-10 所示。

在"Lumetri 范围"的空白位置单击鼠标右键，在弹出的对话框中也可以选择"示波器"，如图 4-11 所示。或是在弹出的对话框中也可以选择"预设"（软件内置各种示波器的不同组合），默认有"矢量示波器 YUV""分量 RGB""波形 YC"。这三个示波器也是最常使用的三个示波器（可以根据不同的使用习惯手动勾选示波器进行组合），如图 4-12 所示。

"分量类型""波形类型""色彩空间""亮度"等，都可以对示波器显示的形状、颜色、亮度等进行选择，对其了解就可以（可以根据不同的使用习惯进行选择），如图 4-13 所示。

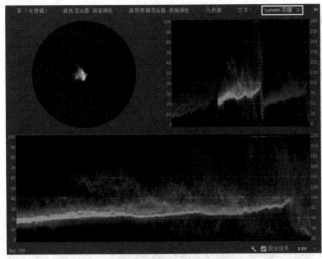

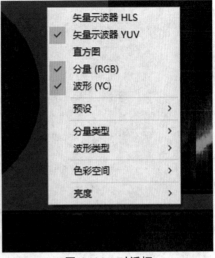

图 4-10　示波器　　　　　　　　　　　　　　　图 4-11　对话框

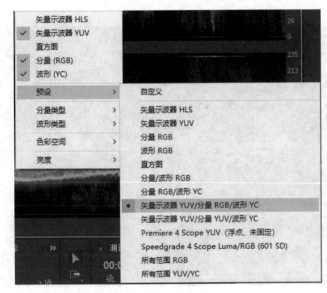

图 4-12　预设　　　　　　　　　　　　　　　图 4-13　调节显示

1. 矢量示波器。矢量示波器是一个圆形图表，用于监视图像的颜色信息。

矢量示波器从中心向外测量色相与饱和度，是显示素材信息不可或缺的示波器。包含"HLS"（HSL 是一种色彩编码模式，其中即 H 表示色相、S 表示饱和度、L 表示亮度）色彩模式与"YUV"（YUV 是一种色彩编码模式，其中 Y 表示亮度也就是灰度值，U 表示色度、V 表示浓度）色彩模式。在实际工作中经常使用"HLS"模式，它是在一个圆形内显示"G"（绿色）、"D"（蓝色）、"R"（红色）、"Yl"（黄色）、"Cy"（青色）、"Mg"（品红）。

圆心与每个颜色之间的白色范围大小，表示对应颜色的饱和度大小，六边形表示饱和度的安全线，白色超出六边形范围，就会出现饱和度过高现象，如图 4-14 所示。白色范围集中在六边形中间，素材色彩呈黑白颜色显示，如图 4-15 所示。

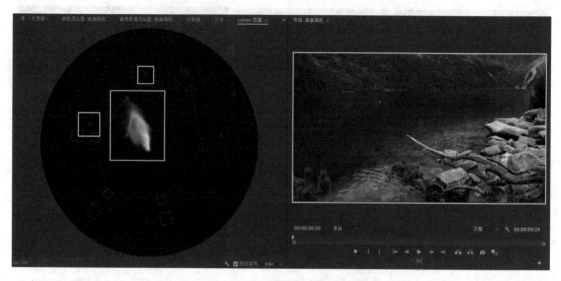

图 4-14　饱和度过高现象

图 4-15　黑白显示

2. 直方图。直方图可以测量亮度信息，将亮度信息使用颜色通道进行显示。

测量阴影、中间调和高光，并调整总体的图像色调等级。测量素材中最暗到最亮的所有像素，形成堆积图。其中，Y 轴表示色阶，X 轴表示对应色阶的像素数量（像素越多数值越高），0 代表最暗的黑色区域，255 代表最亮的白色区域，中间的数值表示灰色区域，由下往上表示从暗到亮的级别（可分为 5 个区域，分别是黑色、阴影、中间调、高光和白色），如图 4-16 所示。

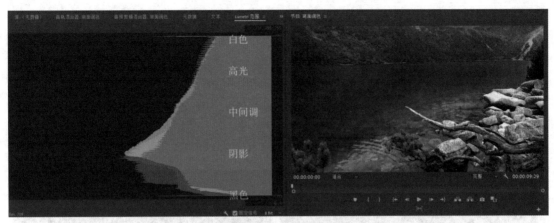

图 4-16　直方图

3. 分量。分量显示素材中的明亮度和色差通道级别的信息，多用于调节画面的色彩平衡，在调色过程中是不可或缺的示波器。

通过观察示波器中"红绿蓝"的高低，便可直观获悉素材中存在的色彩问题，通过与RGB 曲线相互配合，能够十分便捷地解决素材的色彩平衡与偏色校正等问题。可以在"分量类型"中选择分量显示样式。"RGB"，如图 4-17 所示。"YUV"，如图 4-18 所示。"RGB白色"，如图 4-19 所示。"YUV 白色"，如图 4-20 所示。

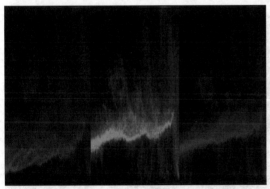

图 4-17　RGB

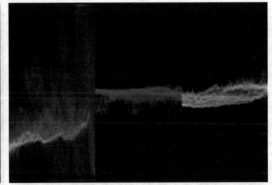

图 4-18　YUV

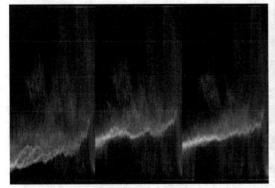

图 4-19　RGB 白色

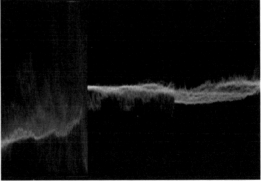

图 4-20　YUV 白色

4. 波形。波形是测量素材的亮度值不可或缺的示波器。波形图是由亮到暗，即从上到下来测量素材亮度，将最亮的像素显示在波形图的最高位置，将最暗的像素显示在波形图的最低位置。

可以在"波形类型"中选择波形显示样式。"RGB"（显示所有颜色通道的信息视图），如图 4-21 所示。"亮度"（显示介于 - 20 到 120 之间的 IRE 值，测量亮度与对比度比率），如图 4-22 所示。"YC"（显示素材的明亮度（绿色部分）和色度（蓝色部分）值），如图 4-2-16 所示。"YC 无色度"（显示素材的明亮度（绿色部分）），如图 4-24 所示。

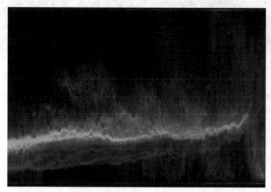

图 4-21　RGB　　　　　　　　　　　　　图 4-22　亮度

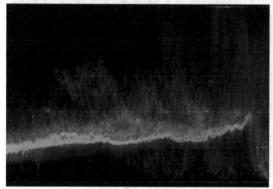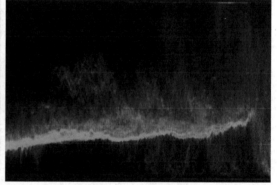

图 4-23　YC　　　　　　　　　　　　　图 4-24　YC 无色度

技能点三　Lumetri 颜色控制技术

"Lumetri 颜色"可以快速调整颜色、对比度和光照等属性，简化调色工作的繁琐流程，提升工作效率。"Lumetri 颜色"面板中，包括"基本校正""创意""曲线""色轮和匹配""HSL 辅助""晕影"。

每个部分侧重于调色工作流程的不同效果，在调色过程中使用各种示波器进行配合、帮助、参考、分析，直至调节出素材所需要的色彩效果。

例如，将"湖面调色"文件导入软件中，如图4-25所示。单击"菜单→窗口→Lumetri颜色"，如图4-26所示。

图 4-25 导入文件　　　　　　　　图 4-26 Lumetri 颜色

在界面的右侧会显示出"Lumetri 颜色"面板，fx "切换打开/关闭旁路"控制 Lumetri 颜色面板中效果的开关；↺"重置效果"回复属性的默认数值；☑ 勾选后，激活对应的 Lumetri 属性，如图4-27所示。或是单击"效果"面板"视频效果""颜色校正""Lumetri 颜色"，将其拖至"时间线"面板的素材"湖面调色"上，在"效果控件"面板中进行调节，如图 4-28所示。

 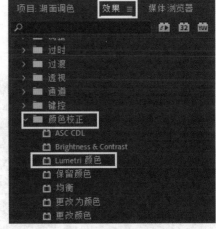

图 4-27 Lumetri 颜色面板　　　　　図 4-28 效果面板

一、基本校正

基本校正可以修正过暗或过亮的区域，调整素材曝光度与明暗对比等。其功能与 Adobe Photoshop、Camera RAW 十分相似，操作简单而效果明显。这也是对素材进行基础调色的工作环节，通常导入素材后都是使用"基本校正"对其进行初步的颜色校正工作，如图4-29所示。

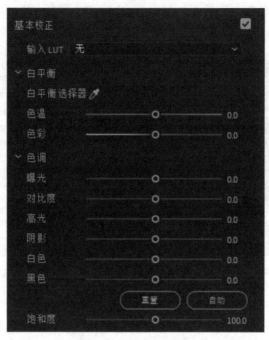

图 4-29　基本校正

1. 输入 LUT。即 Lookup Table（颜色查找表）的缩写，通过 LUT 可以将一组 RGB 值输出成另一组 RGB 值，从而改变画面的光影与色彩，类似滤镜的作用（通常不同品牌的摄像机厂商都会有相应的 LUT 可以选择），可以通过"自定义"导入下载的 LUT 进行使用。例如，在"输入 LUT"选择"AlexaV3_K1S1_LogC2Video_Rec709_EE"，如图 4-30 所示。在"监视器"面板中观察素材"湖面调色"的效果，如图 4-31 所示。

图 4-30　输入 LUT

图 4-31　湖面调色效果

2. 白平衡。反映素材拍摄时的采光条件，调整白平衡可调节素材的环境色。也可以使用"吸管"功能，单击素材中的区域自动调整白平衡。

（1）"色温"通过控制色温对白平衡进行微调（向左移动色温可使素材颜色偏冷色，向右移动色温可使素材颜色偏暖色）。

（2）"色彩"可以补偿绿色或品红色（向左移动滑块补偿绿色，请向右移动滑块补偿品红色）。

通过微调色温和色调值，也可获得所需的白平衡效果。例如，在"色温"输入"-80"、"色彩"输入"-60"，观察素材"湖面调色"的效果，如图 4-32，4-33 所示。

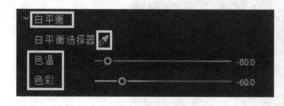

图 4-32　设置白平衡　　　　　　　图 4-33　观察效果

3. 色调。调整素材的色彩与光影效果。

（1）"曝光"设置素材的亮度（向右移动曝光可提升色调值并增强高光，向左移动曝光可降低色调值并增强阴影）。

（2）"对比度"增减对比度影响素材色彩中间调（向右移动对比度时中间调变得更暗，向左移动对比度时中间调变得更亮）。

（3）"高光"调整亮域（向右移动使高光变亮，向左移动使高光变暗）。

（4）"阴影"调整暗区（向左移动使阴影变暗。向右移动使阴影变亮）。

（5）"白色"调节整体的白色（向左拖动滑块可减少高光中的修剪。向右拖动可增加对高光的修剪）。

（6）"黑色"调节整体的黑色（向左拖动滑块可增加黑色修剪，使更多阴影为纯黑色。向右拖动可减少对阴调节整体的影的修剪）。

（7）"重置"将属性数值恢复默认设置。

（8）"自动"自定调节色调效果。

（9）"饱和度"调节素材颜色的浓郁程度（向左移动降低整体饱和度，向右移动提升整体饱和度）。

例如，在"曝光"输入"1"，"对比度"输入"-10"，"高光"输入"13"，"阴影"输入"-10"，"白色"输入"3"，"黑色"输入"-25"，"饱和度"输入"115"，观察素材"湖面调色"的效果，如图 4-34，4-35 所示。

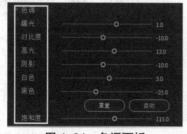

图 4-34　色调面板　　　　　　　图 4-35　色调效果

二、创意

可以使用 Look 模式或调整自然饱和度和等属性，从而扩展创意效果，如图 4-36 所示。

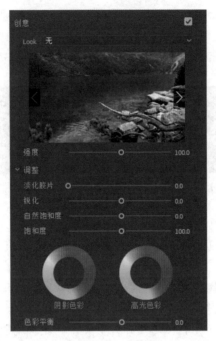

图 4-36　创意

1. Look。类似于 LUT 相当于滤镜，可以使素材色彩更和谐也更具质感。例如，在"Look"栏中选择"Kodak 5205 Fuji 3510 (by Adobe)"，"强度"调节"200"，如图 4-37 所示。在"监视器"面板中观察素材"湖面调色"的效果，如图 4-38 所示。

图 4-37　强度调节

图 4-38　湖面调色效果

2. 调整。主要用于调整素材的饱和度与光影效果。

（1）"淡化胶片"设置素材的怀旧效果。

（2）"锐化"调整图像边缘清晰度，使细节更丰富，但是过度锐化素材会不自然（向右移动滑块提升边缘清晰度，向左移动可降低边缘清晰度）。

（3）"自然饱和度"调节更改所有低饱和度颜色，而对高饱和度颜色的影响较小，可以防止饱和度过高。

（4）"饱和度"调整素材中颜色的饱和度。

（5）"阴影色彩、高光色彩"包含阴影色轮与高光色轮，即调整阴影和高光中的色彩值

（空心轮表示未应用任何内容）。

（6）"色彩平衡"平衡素材中多余的品红色或绿色。

例如，"淡化胶片"输入"20"，"锐化"输入"-20"，"自然饱和度"输入"90"，"饱和度"输入"95"，"色彩平衡"输入"40"，如图 4-39 所示。在"监视器"面板中观察素材"湖面调色"的效果，如图 4-40 所示。

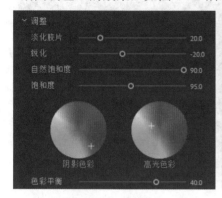

图 4-39　调整

图 4-40　调整效果

三、曲线

可以调整素材明暗效果和色调范围，主曲线（白色曲线）控制亮度，还可以选择不同的曲线调整色调。曲线是非常实用的调色工具，可以简单快速对素材阴影、中间色调和高光区域进行调色（通常将曲线调节成"S"形状提升素材的自然对比度），如图 4-41 所示。

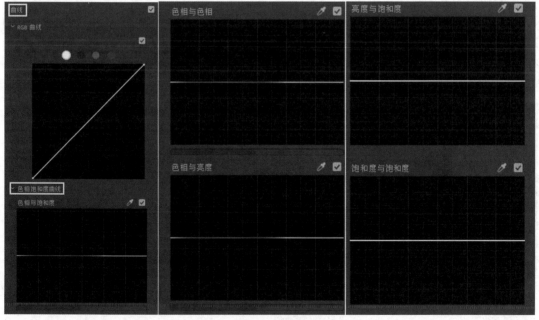

图 4-41　曲线

1. RGB 曲线。与 Adobe Photoshop 的曲线使用十分相似，主曲线（白色曲线）控制亮度，还可以单独选择红、绿、蓝通道曲线对素材进行调整。例如，选择"RGB 曲线"的"红通道"，单击红色曲线出现红色控制点，拖动红色控制点提升曲线（按键盘"CTRL"键单击红色控制点即可将其删除），如图 4-42 所示。在"监视器"面板中观察素材"湖面调色"的效果，如图 4-43 所示。

图 4-42　拖动红色控制点　　　　　　　　　图 4-43　RGB 曲线效果

2. 色相饱和度曲线。是对素材的色相与饱和度进行调节。在实际操作中可以使用"吸管" 工具，单击素材中需要调色区域（默认生成三个控制点对选择区域进行调节），或是手动创建控制点进行调节（在移动控制点时候，按键盘"Shift"键可锁定控制点，使其只能上下移动。双击空白位置可曲线恢复默认状态。按键盘"CTRL"键单击红色控制点即可将其删除。默认情况下"吸管"工具会选取 5×5 像素的颜色平均值，按键盘"CTRL"键会选取 10 x 10 像素的颜色平均值）。

（1）"色相与饱和度"选择色相范围并调整其饱和度，例如，选择"色相与饱和度"的"吸管"工具，单击素材的水面位置，在"色相与饱和度"的曲线上生成三个控制点，提升中间控制点，如图 4-44 所示。在"监视器"面板中观察素材"湖面调色"的效果，如图 4-45 所示。

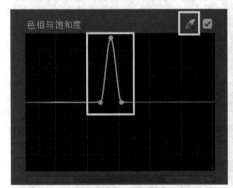

图 4-44　色相与饱和度曲线　　　　　　　　图 4-45　色相与饱和度效果

（2）"色相与色相"选择色相范围并将其更调节成另一色相，例如，选择"色相与色相"的"吸管"工具，单击素材的水面位置，在"色相与色相"的曲线上生成三个控制点，提升中间控制点，如图 4-46 所示。在"监视器"面板中观察素材"湖面调色"的效果，如图 4-47 所示。

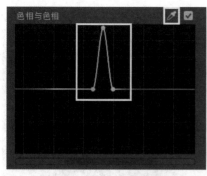

图 4-46　色相与色相曲线

图 4-47　色相与色相效果

　　（3）"色相与亮度"选择色相范围并调整其亮度，例如，选择"色相与亮度"的"吸管"工具，单击素材的水面位置，在"色相与亮度"的曲线上生成三个控制点，提升中间控制点，如图 4-48 所示。在"监视器"面板中观察素材"湖面调色"的效果，如图 4-49 所示。

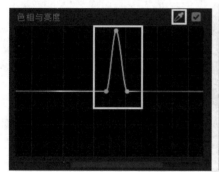

图 4-48　色相与亮度曲线

图 4-49　色相与亮度效果

　　（4）"亮度与饱和度"选择亮度范围并调整其饱和度，例如，选择"亮度与饱和度"的"吸管"工具，单击素材的水面位置，在"亮度与饱和度"的曲线上生成三个控制点，提升中间控制点，如图 4-50 所示。在"监视器"面板中观察素材"湖面调色"的效果，如图 4-51 所示。

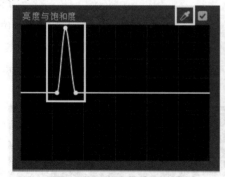

图 4-50　亮度与饱和度曲线

图 4-51　亮度与饱和度效果

　　（5）"饱和度与饱和度"选择饱和度范围并提高或降低其饱和度，例如，选择"饱和度与饱和度"的"吸管"工具，单击素材的水面位置，在"饱和度与饱和度"的曲线上生成三个控制点，提升中间控制点，如图 4-52 所示。在"监视器"面板中观察素材"湖面调色"

的效果，如图 4-53 所示。

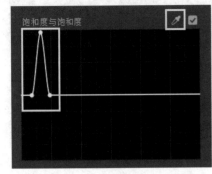

图 4-52　饱和度与饱和度曲线

图 4-53　饱和度与饱和度效果

四、色轮和匹配

色轮可以精确控制阴影、高光、中间调的亮度和颜色偏向。也可将不同素材的色调相互借鉴模仿，匹配形成统一的色调效果，如图 4-54 所示。

图 4-54　色轮和匹配

"颜色匹配"可将相同序列中不同素材的光影色调等效果相匹配。例如，将文件"湖面调色"打开，再导入素材"西部公路"（将素材"西部公路"的色调匹配至素材"湖面调色"之上），将两个素材拖至时间线面板中，如图 4-55 所示。单击"色轮和匹配"中的"比较视图"（勾选"人脸检测"，将侧重匹配面部颜色，可提高皮肤颜色匹配质量），如图 4-56 所示。

图 4-55　导入素材

图 4-56　比较视图

此时"节目监视器"中两素材将进行对比，如图 4-57 所示。单击"应用匹配"，素材

"湖面调色"的色调参考"西部公路"的色调进行匹配，观察最终的效果，如图 4-58 所示。

图 4-57　比较视图效果

图 4-58　应用匹配效果

　　使用"阴影""高光""中间调"色轮，对素材的色相、亮度、饱和度及光影区域进行色彩的调节。也可以通过色轮左侧的滑块，提升或降低"阴影""高光""中间调"的效果，例如，将"阴影"滑块降低，选择浅蓝色、"高光"滑块提升，选择深桔色、"中间调"滑块提升，如图 4-59 所示。在"监视器"面板中观察素材"湖面调色"的效果，如图 4-60 所示。

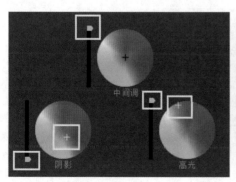

图 4-59　调节色轮

图 4-60　色轮效果

五、HSL 辅助

HSL 辅助通常用在主要颜色调节完成后，对特定颜色进行调节，或是增强特定颜色使其突出显示，或对特定范围进行抠像。HSL 有对应的控制区，拖动滑块选取范围内的颜色就会显示出来，没有被选取的颜色就会呈现其他颜色（根据所选颜色显示）。

"H"代表所选素材的色相范围，"S"代表所选素材的饱和度范围，"L"代表所选素材的亮度范围，"优化"和"更正"是范围内的颜色进行具体的调节，是在"键"选择范围后才会有效果，如图 4-61 所示。

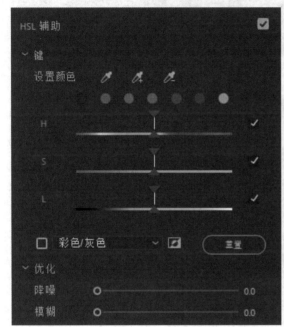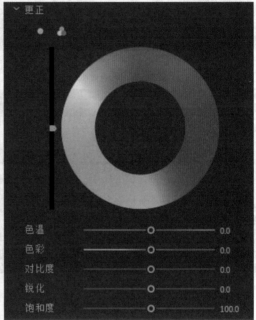

图 4-61　HSL 辅助

1. 键。用于选择素材中需要调色区域，如图 4-62 所示。

（1）"设置颜色"使用不同"吸管"工具吸取或增减素材中需要调色区域，单击默认颜色即可选择素材中相似区域。

（2）"HSL"调节素材中所选颜色的范围（勾选后，激活属性）。

（3）选择调色区域的显示方式，勾选后即确定选择的方式。

（4）切换显示选择与未选择的区域。

（5）"重置"属性恢复默认状态。

例如，打开文件"花朵调色"，需要对红色花朵进行调色，使用"吸管"工具单击红色花朵，如图 4-63 所示。

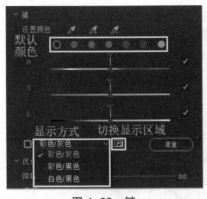

图 4-62　键

图 4-63　选择颜色

在"HSL"中调节红色的范围"H""S""L"的调节滑块，由"上""下"两部分组成，（上方箭头表示范围、下方箭头表示渐变）、勾选"彩色/灰色"显示方式，如图 4-64 所示。在"监视器"面板中观察素材"花朵调色"的效果，如图 4-65 所示。

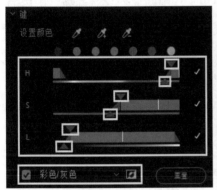

图 4-64　HSL 调节范围

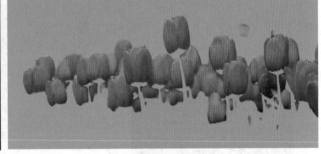

图 4-65　花朵调色效果

2. 优化。调节素材中选择范围的显示质量。包含"降噪"降低杂色平滑颜色过渡；"模糊"可柔化选择范围的边缘，更好的与素材图像混合。

例如，在"降噪"输入"50"，"模糊"输入"3"，如图 4-66 所示。在"监视器"面板中观察素材"花朵调色"的效果，如图 4-67 所示。

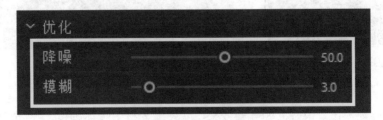

图 4-66　优化

图 4-67　花朵调色效果

3. 更正。可调节素材中选择范围内颜色。默认情况下显示中间调色轮，单击"三色轮"显示"阴影""高光""中间调"三色轮。"色温""色彩""对比度""锐化""饱和度"等属性作用于"基本校正""创意"中属性相同，区别就是"更正"中的属性只对选择范围内的区域进行调节。

例如，选择选择"三色轮"，"阴影"选择深红色，"高光"选择浅红色、"色温"输入"-100"、"色彩"输入"100"、"对比度"输入"50"、"锐化"输入"20"，如图 4-68 所示。在"键"不勾选显示方式，在"监视器"面板中观察素材"花朵调色"的效果，如图 4-69 所示。

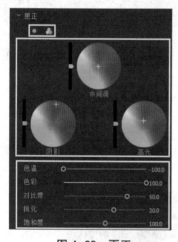

图 4-68　更正

图 4-69　最终效果

六、晕影

调节边缘逐渐淡出、中心处明亮的效果，以突出素材中主体图像。"数量"沿素材边缘设置变亮或变暗的晕影效果；"中点"调节晕影区域的范围；"圆度"调节晕影的形状；"羽化"调节晕影的边缘虚化程度。

例如，打开文件"花朵调色"，在"晕影""数量"输入"-3"、"中点"输入"40"、"圆度"输入"45"、"羽化"输入"30"，如图 4-70 所示。在"监视器"面板中观察素材"花朵调色"的效果，如图 4-71 所示。

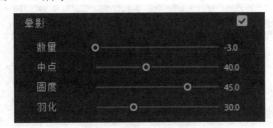

图 4-70　调节晕影

图 4-71　晕影效果

通过以上的学习，读者可以了解视频调色的基本操作及流程。为了巩固所学知识，通过以下几个步骤，使用 Lumetri 与示波器相关知识制作"视频调色"项目，如图 4-72 所示。

图 4-72　项目

第一步：打开软件，单击菜单"文件""新建""项目"命令，在弹出"新建项目"对话框的"名称"输入"视频调色"、"位置"选择相应的存储路径，如图 4-73 所示。

图 4-73　新建项目

第二步：将素材"视频调色"导入到软件，拖至"视频轨道 1"中，将音频删除，如图 4-74 所示。单击菜单"窗口"，勾选"Lumetri 范围""Lumetri 颜色"，如图 4-75 所示。

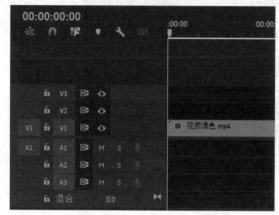

图 4-74　视频轨道

图 4-75　窗口菜单

第三步：在"监视器"面板中观察素材效果，画面亮度过高，色彩灰白，如图 4-76 所示。观察"Lumetri 范围"的"矢量示波器"，可以了解到素材色彩饱和度过低，可以适量提高，如图 4-77 所示。观察"分量（RGB）"可以了解到素材色彩分布较均匀，对比度可适当提高，如图 4-78 所示。观察"波形（YC）"可以了解到素材亮度过高，可以适当增大暗部，突出细节，如图 4-79 所示。

图 4-76　素材效果

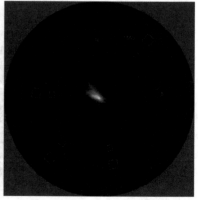

图 4-77　矢量示波器

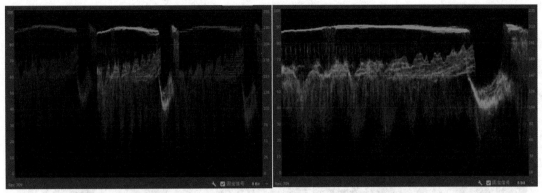

图 4-78　分量（RGB）　　　　　　　　　　图 4-79　波形（YC）

第四步：通过观察"Lumetri 范围"了解到素材的色彩与光影，在此基础上要将素材色彩调节出电影质感。在"项目"中单击鼠标右键，在弹出的对话框中选择"新建项目→调整图层"，如图 4-80 所示。在弹出的"调整图层"对话框中（使用默认数值）单击"确定"，如图 4-81 所示。

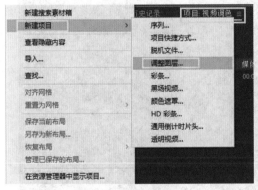
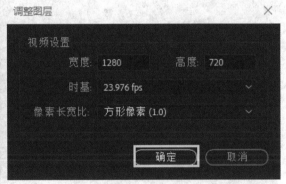

图 4-80　调整图层　　　　　　　　　　　　图 4-81　视频设置

第五步：将"调整图层"拖至"视频轨道 2"中，拉伸"调整图层"时长与"视频轨道 2"相同，如图 4-82 所示。将"调整图层"重命名成"一级调色"，如图 4-83 所示。

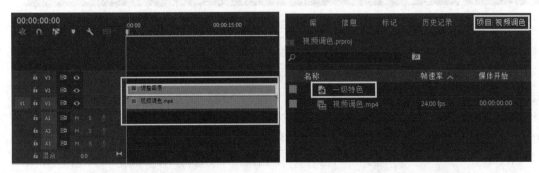

图 4-82　素材时长相同　　　　　　　　　　图 4-83　重命名

第六步：在"基本校正""曝光"输入"-0.3"，"对比度"输入"100"，"阴影"输入"-100"，"饱和度"输入"155"，如图 4-84 所示。在"监视器"面板中观察素材效果，如

图 4-85 所示。在"Lumetri 范围"中观察"矢量示波器""分量（RGB）""波形（YC）"的变化，如图 4-86 所示。

图 4-84　基本校正　　　　　　　　　　　图 4-85　素材效果

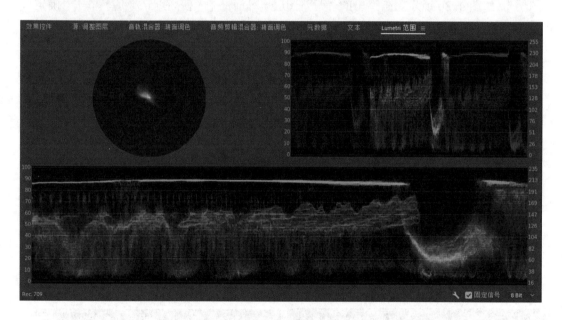

图 4-86　Lumetri 范围

　　第七步：再次创建"调整图层"重命名成"二级调色"，拖至"视频轨道 3"之中。在"创意→淡化胶片"输入"40"，"自然饱和度"输入"20"，"阴影色彩"对准"青色"，"高光色彩"对准"橙色"（此属性无数值，需要对照"素材效果"进行调节），如图 4-87 所示。在"监视器"面板中观察素材效果，如图 4-88 所示。

　　第八步：在"曲线"中选择"白色"，将曲线向右下方拖动，降低整体的亮度（此属性无数值，需要对照"素材效果"进行调节），如图 4-89 所示。在"监视器"面板中观察素材效果，如图 4-90 所示。

图 4-87 创意

图 4-88 素材效果

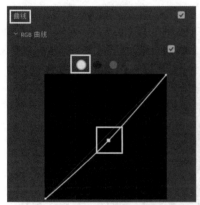

图 4-89 曲线向右下方移动

图 4-90 素材效果

第九步：在"色轮和匹配"中不勾选"人脸检测"，将"阴影"对准"青色"，"高光"对准"橙色"，"中间调"向下拖动滑块，对准"青色"（此属性无数值，需要对照"素材效果"进行调节），如图 4-91 所示。在"监视器"面板中观察素材效果，如图 4-92 所示。

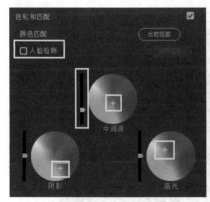

图 4-91 色轮和匹配

图 4-92 素材效果

第十步：在"视频轨道"空位置单击鼠标右键，在弹出的对话框中选择"添加单个轨道"，如图 4-93 所示。再次创建"调整图层"重命名成"三级调色"，拖至"视频轨道 4"之中，如图 4-94 所示。

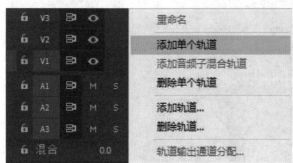

图 4-93　添加单个轨道

图 4-94　创建图层

第十一步：在"基本校正"中"色温"输入"-10"，"色彩"输入"2"，"曝光"输入"0.2"，"对比度"输入"10"，如图 4-95 所示。"晕影"中"数量"输入"-1"，"中点"输入"40"，"圆度"输入"-15"，"羽化"输入"45"，如图 4-96 所示。

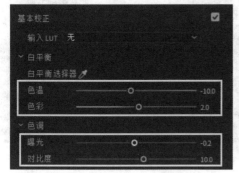

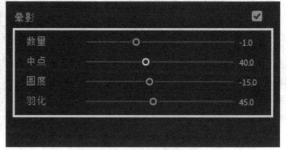

图 4-95　基本校正设置

图 4-96　晕影设置

第十二步：播放视频至"00:00:18:00"的时间，在"Lumetri 范围"中观察"矢量示波器"中"红色"的"饱和度"过高，如图 4-97 所示。在"Lumetri 颜色→曲线→色相与饱和度"中的"红色"位置创建三个控制点，如图 4-98 所示。

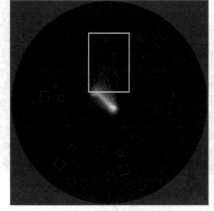

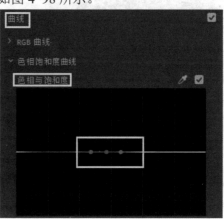

图 4-97　矢量示波器

图 4-98　创建三个控制点

第十三步：将中间的控制点向下方拖动（也可按住键盘"SHIFT"键再向下方拖动），如图4-99所示。在"Lumetri 范围"中观察"矢量示波器"的变化，如图4-100所示。

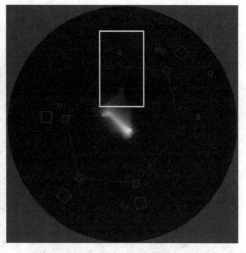

图 4-99　调节色相与饱和度控制点　　　　　图 4-100　矢量示波器

第十四步：在"Lumetri 颜色→曲线→色相与色相"中的"红色"位置创建三个控制点，如图4-101所示。将中间的控制点向下方拖动（也可按住键盘"SHIFT"键再向下方拖动），如图4-102所示。

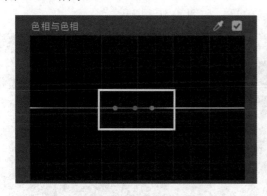

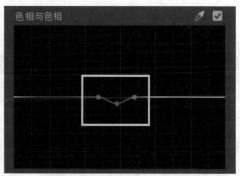

图 4-101　创建色相与色相控制点　　　　　图 4-102　中间控制点向下方拖动

第十五步：在"Lumetri 范围"中观察"矢量示波器"的变化，如图4-103所示。在"监视器"面板中观察素材效果，如图4-104所示。

图 4-103　矢量示波器　　　　　图 4-104　素材效果

第十六步：播放视频至"00:00:20:00"的时间，在"监视器"面板中观察素材的地面亮度过高，如图 4-105 所示。单击"Lumetri 颜色""曲线""亮度与饱和度"的"吸管"工具，单击素材中地面亮度过高位置，将自动显示三个控制点，将中间控制点向上方拖动，如图 4-106 所示。

图 4-105　地面亮度过高　　　　　　图 4-106　调节亮度与饱和度控制点

第十七步：同样，单击"Lumetri 颜色""曲线""饱和度与饱和度"的"吸管"工具，单击素材中地面亮度过高位置，将自动显示三个控制点，将中间控制点向上方拖动，如图 4-107 所示。在"监视器"面板中观察素材的效果，如图 4-108 所示。

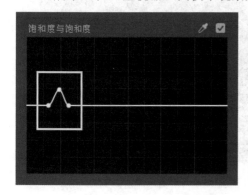

图 4-107　调节饱和度与饱和度控制点　　　　图 4-108　素材效果

本项目通过视频调色的制作，使读者对色彩调节相关知识有了初步了解，对"Lumetri 颜色""Lumetri 范围"的使用有所了解并掌握，并能够通过所学的相关知识实现"视频调节"项目的制作。

一、选择题

（1）（　　　）模式即表示"红、绿、蓝"三个颜色通道。（单选）

　　A. RGB　　　　　B. YUV　　　　　C. CMYK　　　　　D. HSV

（2）"CMYK"中（　　　　）对应"黑色"。（多选）

　　A. C　　　　　B. M　　　　　C. Y　　　　　D. K

（3）色彩是由（　　　　）组成。（多选）

　　A. 色相　　　　B. 饱和度　　　　C. 明度　　　　D. 自然饱和度

（4）（　　　　）没有明显的冷暖倾向则被称作"中性色"。（多选）

　　A. 黑　　　　　B. 白　　　　　C. 灰　　　　　D. 褐

（5）互补色，即选择一种色彩在其夹角呈（　　　　）度左右的颜色，（单选）

　　A. 60　　　　　B. 90　　　　　C. 120　　　　　D. 180

二、填空题

（1）（　　　　）即每个颜色的相貌称谓，可以简单理解成颜色的相貌。

（2）（　　　　）是指颜色的纯度。

（3）（　　　　）是指颜色的亮度，表现出的不同明暗程度。

（4）（　　　　）就是色彩的监视器。

（5）（　　　　　　　　　　　　　　　　　　　　　）最常使用的三个示波器。

三、简答题

（1）简述"Lumetri 范围"的类型与特点。

（2）简述"Lumetri 颜色"的分类与作用。

四、项目训练制作要求

（1）校正视频素材的曝光、白平衡、色彩等基本属性。

（2）解决色彩问题，如偏色、色彩不平衡等问题。

（3）调整画面的对比度和亮度，使画面层次清晰，细节丰富。

（4）避免过曝或欠曝，确保画面的亮度分布合理。

（5）根据需要调整画面的饱和度，使色彩更加鲜艳或柔和。

（6）导出视频的尺寸、格式等属性与原视频相同即可。

项目五　利用字幕创建动画效果

（1）素质目标

通过对项目五的素材—中国古代诗词感受中国优秀传统文化的魅力，增强文化自信；通过项目制作，培养学生具备较强的实践能力，具备爱岗敬业，严谨务实，团结协作的职业素质。

（2）知识目标

了解图形的概念、了解为视频添加字幕需要重点注意的事项。

（3）技能目标

熟练掌握使用文字工具为视频添加字幕的技术、使用钢笔工具为视频添加图形，并进一步编辑外形的技术。

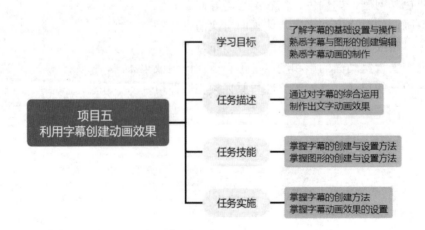

《高等学校课程思政建设指导纲要》要强调了将中华优秀传统文化融入课程教学的重要性，旨在通过教育引导学生深刻理解和传承中华文化精髓，从而增强文化自信和民族自豪感。提出要将中华优秀传统文化作为重要的教学内容，通过课堂教学、实践活动等多种形式，让学生在学习科学文化知识的同时，深入了解和体验中华文化的博大精深。这不仅有助于培养学生的文化素养和审美情趣，更能激发他们对传统文化的热爱和尊重，进而形成坚定的文化自信。

教育部发布的《关于深化职业教育改革全面提高人才培养质量的意见》中强调了重点培养学生的"劳模精神"和"工匠精神"，旨在通过实践项目的参与，使学生具备较强的实际操作能力，并培养其爱岗敬业、严谨务实、团结协作的职业素质。这一指导意见体现了国家对于职业教育质量提升的重视，以及对技能型人才综合素质培养的要求。

文件中指出，职业院校应将"劳模精神"和"工匠精神"融入教育教学全过程，通过校企合作、工学结合等模式，让学生在实际工作中学习和锻炼，从而深刻理解和践行这两种精神。同时，鼓励学校开展各类职业技能竞赛和创新实践活动，以此激发学生的学习兴趣和创造力，增强其解决实际问题的能力。

【任务描述】

- 掌握字幕动画的制作流程
- 掌握字幕特效的创作思路

【效果展示】

字幕是视频制作不可缺少的一部分，对人物、事物等情况介绍说明，都可以通过字幕进行展示，既传递信息也丰富画面的效果。通过制作项目案例，练习字幕的创建与编辑，提升字幕制作的技能，最终完成企业标准的视频制作。本项目最终效果图如图 5-1 所示。

图 5-1　项目最终效果图

技能点一　创建字幕技术

合理有效地使用字幕，有引入主题和设立基调的作用。在视频中，字幕可以用来显示作品的标题，可以提供片段之间的过渡，也可以用来介绍人物和场景。字幕与图形一起使用，可以更好地传达统计信息、地域信息以及其他技术性信息。

一、创建字幕

字幕与其他绘图软件中的文字工具非常相似，可以进行创建、设计字体样式等操作，拥有设置文字所需要的各种功能。通过使用"字幕属性"面板可以对字幕进行更多调节，不但可以修改字体的大小、样式、色彩，还可以创建文字的阴影和浮雕效果。字幕的创建有多种方法，虽然各有不同但也是有据可循。下面就来学习一下字幕的创建方法。

1. 旧版标题。"旧版标题"是早期版本中制作字幕的方法，也是最传统制作字幕的方法。"旧版标题"是在独立的面板中创建字幕，然后将"字幕层"拖至"时间线"面板中，即可显示字幕效果。在新的版本中虽然有着更多创建字幕方法，但是"旧版标题"依然是基础的创建字幕方法，熟练掌握了"旧版标题"的使用，对于学习其他字幕创建会有很大帮助。

（1）创建"旧版标题"字幕，单击菜单"文件→新建→旧版标题"，如图 5-2 所示。在弹出"新建字幕"对话框中，"宽度/高度"设置字幕的范围、"时基"设置帧数率、"像素长宽比"设置像素大小、"名称"设置字幕的名称，如图 5-3 所示。

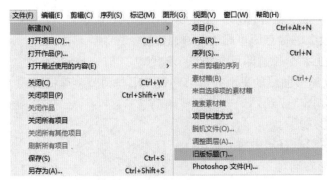

图 5-2　旧版标题

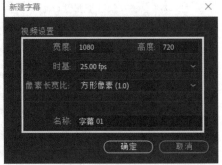

图 5-3　新建字幕对话框

（2）弹出"旧版标题"字幕面板，如图 5-4 所示。

① "1 字幕操作面板"

② "2 字幕工具面板"

③ "3 字幕排列面板"

④ "4 字幕快捷工具面板"

⑤ "5 旧版标题面板"

⑥ "6 旧版标题属性面板"等组合而成。

在"1 字幕操作"面板中所有字幕的制作都是在此进行操作，如图 5-5 所示。

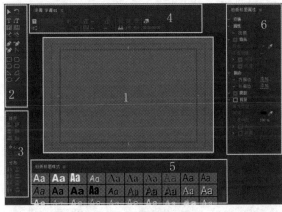

图 5-4　旧版标题面板

图 5-5　字幕制作面板

（3）在"2 字幕工具"面板内，包含：

① "选择工具" ▶用于对字幕与图形进行选择。

② "旋转工具" ↻控制字幕与图形的旋转方向。

③ "文本工具" T创建横版文字。

④ "垂直文本工具" IT 创建竖版文字。

⑤ "区域文本工具" 🖻 在指定区域内创建横版文字。

⑥ "垂直区域文本工具" 🖫 在指定区域内创建竖版文字。

⑦ "路径文本工具" ↖ 在指定路径上创建横版文字。

⑧ "垂直路径文本工具" ↖ 在指定路径上创建竖版文字。

⑨ "钢笔工具" ✐用于绘制路径或拖动锚点，在"1 字幕操作"中连续单击生成锚点

（控制点），锚点之间生成直线，若同时拖曳鼠标可以生成曲线，如图 5-6 所示。

　　⑩ "删除锚点工具" ![icon]单击线段上的锚点即可删除此锚点。

　　⑪ "添加锚点工具" ![icon]单击线段上某个位置即可添加一个锚点。

　　⑫ "转换锚点工具" ![icon]拖曳锚点调节曲线的平滑（调节路径效果与调节字幕相同）。

　　（4）在 "3 字幕排列" 面板内，如图 5-7 所示。

　　① "左对齐" ![icon]调节字幕或图形左端对。

　　② "垂直对齐" ![icon]调节字幕或图形垂直居中对齐。

　　③ "右对齐" ![icon]调节字幕或图形右端对齐。

　　④ "顶对齐" ![icon]调节字幕或图形顶端对齐。

　　⑤ "水平对齐" ![icon]调节字幕或图形水平居中对齐。

　　⑥ "底对齐" ![icon]调节字幕或图形底部对齐。

　　⑦ "屏幕水平对齐" ![icon]调节字幕或图形在屏幕水平方向中心。

　　⑧ "屏幕垂直对齐" ![icon]调节字幕或图形在屏幕垂直方向中心。

　　⑨ "左分布" ![icon]调节字幕或图形以左端平均分布。

　　⑩ "垂直分布" ![icon]调节字幕或图形垂直方向中心对齐。

　　⑪ "右分布" ![icon]调节字幕或图形以右端平均分布。

　　⑫ "垂直分部间距" ![icon]调节字幕或图形垂直方向的间隔距离相等。

　　⑬ "顶分布" ![icon]调节字幕或图形以顶端平均分布。

　　⑭ "水平分布" ![icon]调节字幕或图形水平方向中心对齐。

　　⑮ "底分布" ![icon]调节字幕或图形以底部平均分布。

　　⑯ "水平分部间距" ![icon]调节字幕或图形水平方向的间隔距离相等。

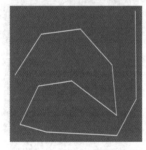

图 5-6　钢笔工具效果

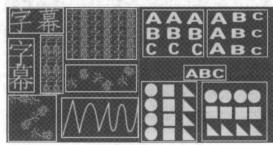

图 5-7　对齐分布效果

　　（5）在 "4 字幕快捷工具" 面板内，如图 5-8 所示。

　　① "基于当前字幕新建字幕" ![icon]创建新的字。

　　② "滚动/游动选项" ![icon]设置字幕的运动方向与出现及消失时间。

　　③ "字体" ![等线]选择字体样式。

　　④ "粗细" ![Light]选择字体的粗细。

　　⑤ "粗体" ![icon]字体变成粗体样式。

　　⑥ "斜体" ![icon]字体变成斜体样式。

　　⑦ "下划线" ![icon]字体下方出现线段。

　　⑧ "大小" ![icon 100.0]调节字体的大小。

⑨ "字偶间距" 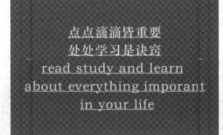文字之间或字母之间的距离。

⑩ "行距" 文字或字母行与行之间的距离。

⑪ "左对齐文本" 文字或字母文本沿左侧对齐。

⑫ "居中对齐文本" 文字或字母文本居中对齐。

⑬ "右对齐文本" 文字或字母文本沿右侧对齐。

⑭ "制表位" 对齐字幕或图形。

⑮ "从左到右的文本方向" 文字从左到右输入。

⑯ "从右到左的文本方向" 文字从右到左输入。

⑰ "现实背景视频" 背景素材显示在"字幕操作"面板。

在"5 旧版标题"面板内，包含预置的字体的效果（注意预置的字体效果可能与中文不兼容），如图 5-9 所示。

图 5-8 字幕

图 5-9 旧版标题内置效果

（6）在"6 旧版标题属性"面板内，包含"变换""属性""填充""描边""阴影""背景"等，通过对这些属性的调节改变字幕与图形的效果。其中"变换"设置透明、大小、位置等属性。如图 5-10 所示。

① "不透明度"调节字幕或图形的透明程度。

② "X 位置"调节字幕或图形在 X 轴位置。

③ "Y 位置"调节字幕或图形设置在 Y 轴位置。

④ "宽度"调节字幕或图形的水平宽度。

⑤ "高度"调节字幕或图形的垂直高度。

⑥ "旋转"调节字幕或图形的旋转角度。

观察调节"变换"属性的字幕效果，如图 5-11 所示。

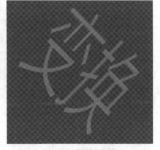

图 5-10 变换

图 5-11 变换效果

（7）"属性"用于调节字幕或图形的基础属性。如图 5-12 所示。

① "字体系列"选择文字的字体。

② "字体样式"选择文字的字形。

③ "字体大小"调节文字的大小。

④ "宽高比"调节字体比例。

⑤ "行距"设置文字的行列间距。

⑥ "字偶间距"调节文字的字间距。

⑦ "字符间距"在"字偶间距"的基础上进一步调节文字的字距。

⑧ "基线位移"调节文字的基线位置。

⑨ "小型大写字母"勾选后,英文字母大写。

⑩ "小型大写字母大小"调节大写字母的大小。

⑪ "扭曲"调节字幕或图形 X 轴或 Y 轴的扭曲变形。

⑫ 观察调节"属性"属性的字幕效果,如图 5-13 所示。

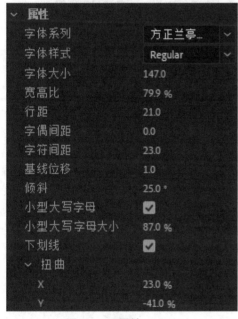

图 5-12　属性　　　　　　　　　　　　　　图 5-13　属性效果

(8)"填充"用于调节字幕或图形的填充效果。如图 5-14 所示。

① "填充类型"选择填充的类型,包含,

a. "实底"将文字填充一种颜色效果。

b. "线性渐变"将文字填充两种颜色的线性渐变效果。

c. "径向渐变"将文字填充两种颜色的放射渐变效果。

d. "四色渐变"将文字填充四种颜色混合的渐变效果。

e. "斜面"设置浮雕立体效果。

f. "消除"消除填充效果。

g. "重影"将文字的填充去除。

② "颜色"选择填充颜色。

③ "不透明度"调节字幕或图形的填充透明程度。

④ "光泽"调节文字的光泽效果，勾选后，激活光泽选项。

⑤ "颜色"选择光泽颜色。

⑥ "不透明度"调节光泽透明度。

⑦ "大小"调节光泽大小。

⑧ "角度"调节光泽的旋转角度。

⑨ "偏移"调节光泽在字幕或图形上的位置。

⑩ "纹理"设置文字纹理效果，勾选后，激活纹理选项。

⑪ "纹理"单击右侧方格选择图片设置纹理填充。

⑫ "随机对象翻转"勾选后，填充的图案随图形一起翻转。

⑬ "随机对象旋转"勾选后，填充的图案随图形一起旋转。

⑭ "缩放"设置字幕或图形在 X 轴和 Y 轴上的缩放效果。

⑮ "对齐"设置字幕或图形在 X 轴和 Y 轴上的位置移动。

⑯ "混合"调节填充色与纹理的混合效果。

观察调节"填充"属性的字幕效果，如图 5-15 所示。

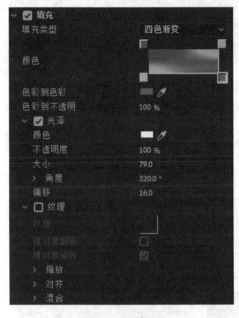

图 5-14　填充　　　　　　　　　　　　　　图 5-15　填充效果

（9）"描边"用于调节字幕或图形的描边效果，可设置内部描边和外部描边效果（二者设置属性相同）。如图 5-16 所示。

① "内描边添加"单击添加激活文字内侧描边属性。

② "内描边"勾选后，可调节内描边属性。

③ "类型"设置描边类型，其中包括"深度""边缘""凹进"。

④ "大小"调节描边宽度。

⑤ "填充类型"可参考"填充"中的填充类型的设置。

⑥ "颜色"选择描边颜色。

⑦ "不透明度"调节字幕或图形描边的透明程度。

⑧ "光泽"可参考"填充"中的光泽的设置。

⑨ "纹理"可参考"填充"中的纹理的设置。

⑩ "外描边"在文字外侧添加描边，调节属性可参考内描边的属性。

观察调节"描边"属性的字幕效果，如图 5-17 所示。

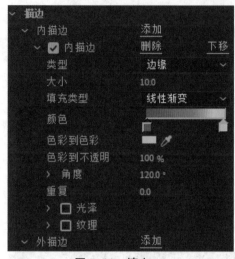

图 5-16　填充　　　　　　　　　　　　　图 5-17　填充效果

（10）"阴影"用于调节字幕或图形的阴影效果，勾选后，激活阴影属性。如图 5-18 所示。

① "颜色"调节阴影颜色。

② "不透明度"设置阴影的透明程度。

③ "角度"调节阴影的角度。

④ "距离"调节阴影的距离。

⑤ "大小"调节阴影的大小。

⑥ "扩展"调节阴影的扩展程度。

观察调节"阴影"属性的字幕效果，如图 5-19 所示。

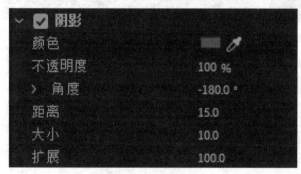

图 5-18　阴影　　　　　　　　　　　　　图 5-19　阴影效果

（11）"背景"用于调节字幕或图形的背景效果，勾选后，激活背景属性。如图 5-20 所示。

① "填充类型"可参考"填充"中的填充类型的设置。

② "颜色"选择背景颜色。

③ "不透明度"调节字幕或图形背景的透明程度。

④ "光泽"可参考"填充"中的光泽的设置。

⑤ "纹理"可参考"填充"中的纹理的设置。

观察调节"背景"属性的字幕效果，如图 5-21 所示。

图 5-20　背景　　　　　　　　　　图 5-21　背景效果

2. 新建字幕轨道。"新字幕轨道"创建字幕的方法多用于影视剧、纪录片中文字对白。创建"新字幕轨道"时，单击菜单"序列→字幕→添加新字幕轨道"，如图 5-22 所示。在弹出的"New caption track（新建字幕）"对话框中在"格式"选择"副标题（开放式字幕）"，即可以创建出字幕，如图 5-23 所示。

图 5-22　添加新字幕轨道　　　　　　　　图 5-23　格式

其中在"格式"包含，如图 5-24 所示选项。

（1）"澳大利亚 OP-47"是指澳大利亚的隐藏式字幕标准。

（2）"CEA-608/CEA-708"是北美和欧洲地区电视类节目传输的字幕标准。

（3）"EBU 字幕"是欧洲广播联盟针对广播机构颁布的字幕规范。

（4）"副标题（开放式字幕）"是现如今运用最广泛的格式，可以对字体大小、颜色、背景颜色、透明度等多项属性进行调节。

（5）"图文电视"是基于英国早期的一种信息广播系统。

例如，打开"副标题（开放式字幕）"文件，创建"副标题"字幕格式，在"时间线"

面板中观察效果，如图 5-25 所示。

图 5-24　格式

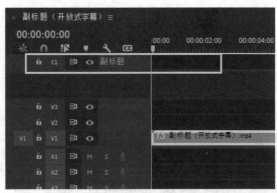

图 5-25　时间线面板

此时，还需要单击菜单"窗口""文本"，如图 5-26 所示。激活"文本"面板可以输入文字。其中，如图 5-27 所示。

（1）"搜索" 🔍 用于查找字幕中需要替换的文字。

（2）"前后移动" ∧∨ 选择需要替换的文字。

（3）"替换" 🔁 显示"替换"与"全部替换"。

（4）"添加新字幕分段" ⊕ 可输入文字创建字幕。

（5）"拆分区段" ⊿ 复制选择的字幕、"合并片段" ⊿ 合并选择的字幕。

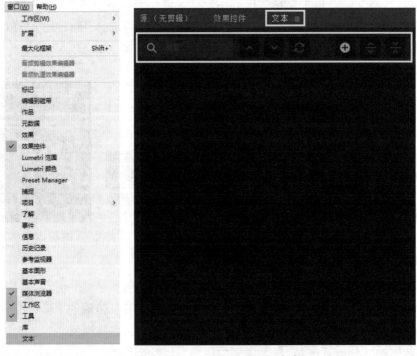

图 5-26　文本　　　　　　　　　　　　图 5-27　文本窗口

单击"添加新字幕分段" ⊕ 可输入文字"世界上最远的距离"，如图 5-28 所示。若继续创建字幕，需要在"时间线"面板将"时间指针"拖至空余位置，如图 5-29 所示。

图 5-28　添加新字幕分段

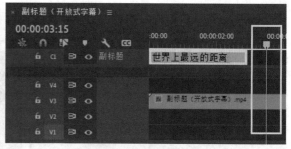

图 5-29　时间指针位置

　　分别单击"添加新字幕分段" ⊕ 输入文字"是鱼与飞鸟的距离""一个翱翔天际""一个却深潜海底"，如图 5-30 所示。可以在"时间线"面板调节字幕的时间长度，如图 5-31 所示。

图 5-30　添加新字幕分段

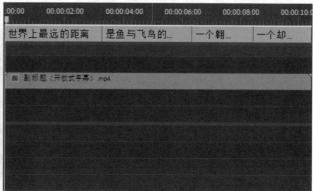

图 5-31　字幕时间长度

　　如果需要替换文字，可在"搜索" 🔍 中输入被替换文字，单击"替换" ⟳，在"替换为"输入要换成的文字，如图 5-32 所示。单击"替换"只替换一处文字，单击"全部替换"替换全部文字，如图 5-33 所示。

图 5-32　输入替换文字

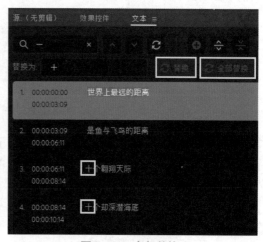

图 5-33　全部替换

选择字幕单击"拆分区段"█复制出字幕，如图 5-34 所示。选择字幕单击"合并片段"█合并字幕，如图 5-35 所示。

图 5-34　拆分区段

图 5-35　合并片段

单击菜单"窗口→基本图形"，如图 5-36 所示。弹出"基本图形"面板，单击"浏览"，"浏览"中包含内置的字幕效果，如图 5-37 所示。

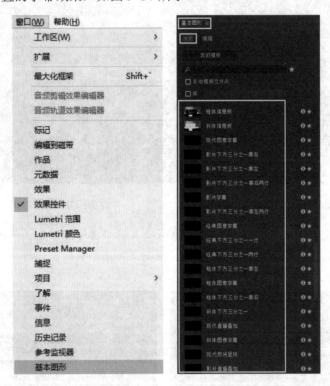

图 5-36　基本图形　　　　　图 5-37　基本图形面板

在"浏览"中单击"现代标题"，将其拖至"时间线"面板的视频轨道中，如图 5-38 所示。单击"时间线"面板中的"此处输入您的信息"字幕，可以在"基本图形"面板"编辑"调节字幕属性，如图 5-39 所示。

在"节目监视器"面板观察字幕效果，如图 5-40 所示。也可以自定义字幕效果。例如，在"时间线"面板中选择字幕"世界上最远的距离"，单击"编辑"可对字幕进行调节（"编辑"中属性与"旧版标题"中属性非常相似，可以相互借鉴），如图 5-41 所示。

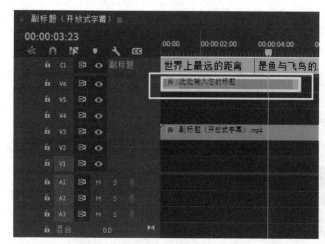

图 5-38　时间线面板

图 5-39　基本图形面板

图 5-40　字幕效果

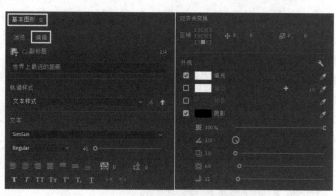

图 5-41　编辑

其中，"轨道样式"可以设置整个字幕轨道中使用统一的样式。包含"创建样式"自定义文本样式；"无"没有文本样式；"文本样式"使用文本样式；"从样式中同步" 恢复文本至调节前样式；"推送至轨道或样式" 样式推送至轨道上的所有字幕，包含"轨道上的所有字幕"仅更新此轨道上的字幕；"项目中的样式"更新项目中所有此样式，如图 5-42 所示。

"文本"可设置字体样式与大小、段落对齐的方式、扩大或缩小字符间距、选择字体效果、文字输入方向等属性，如图 5-43 所示。

图 5-42　轨道样式

图 5-43　文本

"对齐并变换"可以在"区域"中选择字幕位置、手动调节字幕位置、调节字幕区域的范围，如图 5-44 所示。"外观"中设置字幕的颜色、边缘颜色、背景颜色、阴影的颜色、不透明度、角度、距离、大小、羽化等属性，如图 5-45 所示。

图 5-44 对齐并变换

图 5-45 外观

"字体"选择"书体坊米芾体"，"位置"选择"居中对齐文本"，"字体样式"选择"仿粗体"，"区域"选择"中间"，"填充"选择"蓝色（#1A183A）"，"描边"选择"灰色（#CFBCBC）"，"阴影"选择"黑色（#000000）"，"不透明度"输入"85"，"角度"输入"135"，"距离"输入"15"，"大小"输入"10"，"羽化"输入"45"，如图 5-46 所示。在"节目监视器"面板中观察字幕效果，如图 5-47 所示。

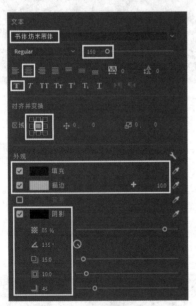

图 5-46 调节属性

图 5-47 字体效果

3. 文字工具。"文字工具"也是一种字幕创建工具，使用方法非常的简单，只需要在"节目监视器"面板中输入文字，就可以创建出字幕。在"工具栏"面板中选择"文字工具"，即可在"监视器"面板中输入横向文字；"垂直纹工具"即垂直方向的文字。

例如，导入"文字工具"文件，单击"工具栏"面板"文字工具"，在"节目监视器"面板中输入"蓝天草原"四个字，如图 5-48 所示。对"文字工具"的调节也是通过"基本图形"，单击菜单"窗口→基本图形"，如图 5-49 所示。

图 5-48 输入文字 图 5-49 基本图形

"文字工具""基本图形"的属性调节与之前学习的内容基本一致，区别是在"编辑"中多了关于"图层"的设置，如图 5-50 所示。单击"创建组" ，创建"组"图层，"组"可以将多个图层合在一起，方便编辑提高工作效率。"组"图层中的"位置""缩放""旋转"等属性可以创建关键帧动画（与创建"效果控件"面板中属性关键帧方法一致），如图 5-51 所示。

图 5-50 文字工具图层 图 5-51 组

不选择任何"图层"时候，在"响应式设计-时间"中，包含，如图 5-52。

（1）"开场持续时间"设置开场字幕或图形的持续时间。

（2）"结束持续时间"设置结束字幕或图形的持续时间。

（3）"滚动"勾选后，激活"启动屏幕外"与"结束屏幕外"。

（4）"预卷"设置字幕或图形滚动的开始帧数。

（5）"过卷"设置字幕滚动的结束帧数。

（6）"缓入"设置字幕或图形从滚动开始缓入的帧数。

（7）"缓出"设置字幕或图形结束缓出的帧数。

拖动"节目监视器"面板旁边的手柄，可以观察字幕动画效果（也可以拖动"时间线"面板中的"时间指针"观察字幕动画效果），如图 5-53 所示。

图 5-52　响应式设计–时间

图 5-53　字幕动画效果

单击"新建图层" 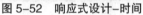创建新的"图层"，包含"文本"创建横向文字；"直排文字"创建竖向文字；"矩形"创建方形图形；"椭圆"创建圆形图形；"来自文件"导入相应的文字或图形文件，如图 5-54 所示。在"节目监视器"面板创建"文本"与"直排文字"字幕，如图 5-55 所示。

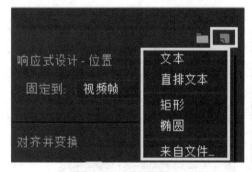

图 5-54　新建图层

图 5-55　文字效果

选择任意"图层"显示"响应式设计-位置"，其中，"固定到"是将选择的字幕或图层关联到列表的图层，随着列表中图层的变化而变化，形成"父子关系"，如图 5-56 所示。"选择父图层的哪些边将用于固定" 设置跟随变化的边（通常横向文字选择左右 、竖向文字选择上下 ），如图 5-57 所示。

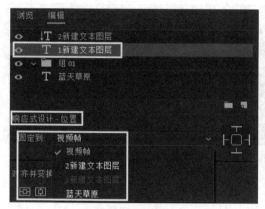

图 5-56　固定到

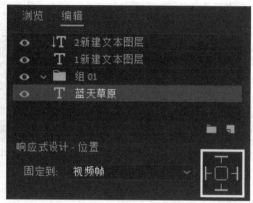

图 5-57　选择父图层的哪些边将用于固定

技能点二　创建图形并进行编辑技术

在 Premiere 中不仅可以创建字幕，还可以创建各种图形，用于丰富视频效果。图形的创建及设置与字幕的创建及设置完全相同。

1. 旧版标题。在"字幕工具面板"中除了可以创建"字幕"，还可以创建"图形"。选择"钢笔工具" ，在"字幕操作面板"上绘制路径。每当创建一个锚点后按住鼠标进行拖动会出现手柄，移动手柄可以将路径调节出弧度，如图 5-58 所示。如果创建图形，需要将路径的首尾相连，或是在"旧版标题属性面板""属性""图形类型"中选择"填充贝塞尔曲线"，如图 5-59 所示。观察此时的路径效果，如图 5-60 所示。

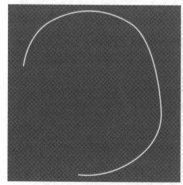

图 5-58　调节弧度

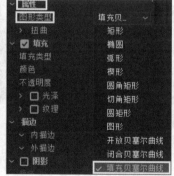

图 5-59　填充贝塞尔曲线

图 5-60　路径效果

也可以选择"矩形""椭圆""弧形""楔形""圆角矩形""切角矩形""圆矩形""图形""开放贝赛尔曲线""闭合贝赛尔曲线"等选项，对路径进行设置，如图 5-61 所示。在"字幕工具面板"中也可以通过选择"矩形工具""圆角矩形工具""切角矩形工具""弧形工具""椭圆工具""直线工具"创建图形，如图 5-62 所示。可以使用调节"字幕"的属性与方法，对"图形"进行调节，如图 5-63 所示。

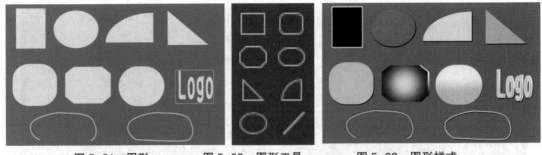

图 5-61　图形　　　　　图 5-62　图形工具　　　　　图 5-63　图形样式

　　2. 钢笔工具。在"工具栏"面板中通过"钢笔工具"也可以创建"图形",如图 5-64 所示。使用方法与"字幕工具面板"相同,区别就是作用在"节目监视器"之中,如图 5-65 所示。

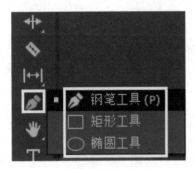
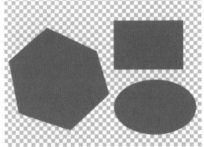

图 5-64　钢笔工具　　　　　　　　图 5-65　创建图形

　　"图形"的调节方法也是在"基本图形"之中,与"字幕"调节方法相同,如图 5-66 所示。观察"节目监视器"中图形效果,如图 5-67 所示。

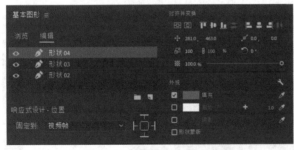

图 5-66　调节图形　　　　　　　　图 5-67　图形效果

　　其实,掌握了字幕也就掌握了图形。图形多用于丰富画面效果,如图 5-68 所示。或是辅助字幕的效果,如图 5-69 所示。需要注意的是,当字幕与图形同时出现,有可能会出现相互遮挡的问题。解决的方法也很简单,如果是使用"旧版标题"创建的字幕与图形出现相互遮挡问题,例如,导入"字幕与图形遮挡 1"文件,红色矩形遮挡住黄色字幕,如图 5-70 所示。在红色矩形上单击鼠标右键,选择"排列",其中,"移动最前"将选择的字幕或图形移动至最前层;"前移"将选择的字幕或图形向前移动一层;

"移动最后"将选择的字幕或图形移动至最后层；"后移"将选择的字幕或图形向后移动一层，如图 5-71 所示。

观察字幕与图形的顺序变化，如图 5-72 所示。

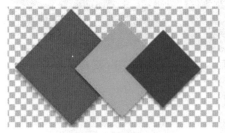

图 5-68　基本图形

图 5-69　图形效果

图 5-70　字幕与图形遮挡

排列	>	移到最前	Ctrl+Shift+]
位置	>	前移	Ctrl+]
对齐对象	>	移到最后	Ctrl+[
分布对象	>	后移	Ctrl+Shift+[

图 5-71　排列

图 5-72　画面效果

如果使用其他方法创建字幕与图形，可以在"图层"进行位置调整。例如，蓝色椭圆形遮挡住绿色字幕，如图 5-73 所示。在"基本图形→编辑→图层"中拖动"字幕与图形遮挡"层至顶层位置，如图 5-74 所示。观察字幕与图形的顺序变化，如图 5-75 所示。

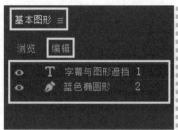

图 5-73　图形遮挡字幕　　　　　图 5-74　基本图形　　　　　　图 5-75　观察变化

　　通过以上的学习，学习者可以了解字幕的基础知识及操作方法。为了巩固所学知识，通过以下几个步骤，使用字幕相关知识制作"文字动画效果"，如图 5-76 所示。

图 5-76　文字动画效果

　　第一步：打开软件，单击菜单"文件→新建→项目"命令，如图 5-77 所示。在弹出"新建项目"对话框的"名称"输入"文字动画效果"，"位置"选择相应的存储路径，如图 5-78 所示。

文件(F)	编辑(E)	剪辑(C)	序列(S)	标记(M)	图形(G)	视图(V)	窗口(W)	帮助(H)

新建(N)	>	项目(P)...	Ctrl+Alt+N
打开项目(O)...	Ctrl+O	作品(R)...	
打开作品(P)...		序列(S)...	Ctrl+N
打开最近使用的内容(E)	>	来自剪辑的序列	

图 5-77　新建项目

图 5-78　新建项目对话框

第二步：单击菜单"文件→新建→旧版标题"命令，如图 5-79 所示。在弹出"新建字幕"对话框"宽度"输入"1920"，"高度"输入"1080"，"名称"输入"字幕"，单击"确定"，如图 5-80 所示。

图 5-79　新建旧版标题

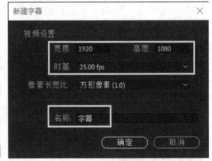

图 5-80　新建字幕对话框

第三步：在"项目"面板中，拖动"字幕"至"时间线"面板"视频轨道 1"，如图 5-81 所示。双击"字幕"层弹出"旧版标题"字幕面板，单击"文字工具"在"字幕操作面板"对话框输入"海上生明月、天涯共此时"，如图 5-82 所示。

图 5-81　拖动字幕拖至时间线

图 5-82　输入文字

第四步：在"旧版标题属性""X 位置"输入"961"，"Y 位置"输入"541"，"宽度"输入"1530"，"高度"输入"260"，"字体系列"选择"华文新魏"，"字符间距"输入"20"，勾选"填充"，"颜色"输入"000000"，勾选"外描边"，"大小"输入"15"，"颜色"输入"FFFFFF"，如图 5-83 所示。观察字体的效果，如图 5-84 所示。

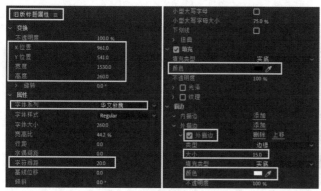

图 5-83　旧版标题属性　　　　　　　　　　　图 5-84　字体效果

第五步：在"时间线"面板的"字幕"素材上单击鼠标右键，在弹出的菜单中选择"速度/持续时间"，如图 5-85 所示。在弹出"速度/持续时间"对话框中"持续时间"输入"00:00:10:00"，单击"确定"，如图 5-86 所示。

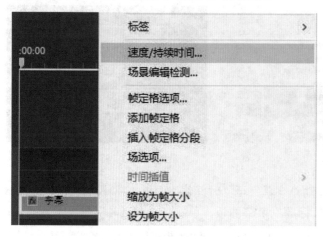

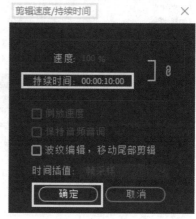

图 5-85　速度/持续时间　　　　　　　　　　图 5-86　持续时间

第六步：在"时间线"面板中将"时间指针"拖至"00:00:00:00"位置，如图 5-87 所示。在"效果控件"面板"位置"输入"-960、540"，单击"切换动画"，如图 5-88 所示。

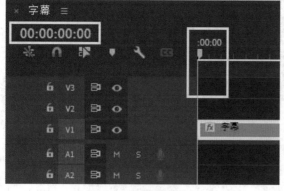

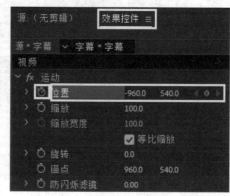

图 5-87　时间指针拖至 0 帧　　　　　　　　图 5-88　位置

第七步：在"时间线"面板中将"时间指针"拖至"00:00:02:00"位置，如图5-89所示。在"效果控件"面板"位置"输入"-12、540"，单击"确定"，如图5-90所示。

图5-87　时间指针拖至2秒

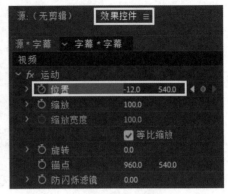

图5-90　位置

第八步：在"时间线"面板中将"时间指针"拖至"00:00:10:00"位置，如图5-91所示。在"效果控件"面板"位置"输入"1212、540"，单击"确定"，如图5-92所示。

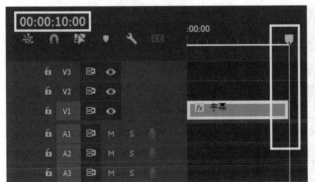

图5-91　时间指针拖至10秒

图5-92　位置

第八步：在"效果控件"面板，单击鼠标右键在弹出菜单选择"临时插值""贝塞尔曲线"，如图5-93所示。在"效果控件"面板，单击"位置"■展开面板，拖动"贝塞尔手柄"将改变曲线，使曲线中间高两边低，在"节目监视器"面板观察字幕的动画效果，如图5-94所示。

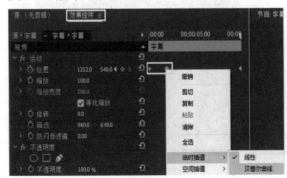

图5-93　贝塞尔曲线

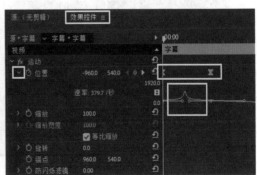

图5-94　曲线效果

第九步：打开软件，单击菜单"文件→新建→序列"命令，如图5-95所示。在"新建序列"对话框"设置→时基"选择"25帧/秒"、"帧大小"输入"1920"，"水平"输入"1080"，"像素长宽比"选择"方形像素（1.0）"，"显示格式"选择"25fps时间码"，如图5-96所示。

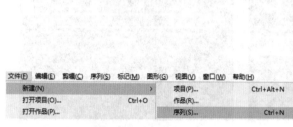

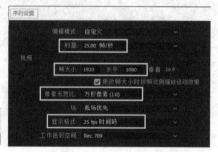

图 5-95　序列　　　　　　　　　　　　　图 5-96　新建序列对话框

第十步：在"项目"面板将序列改重命名"背景"，如图5-97所示。导入素材"海"与"月"，如图5-98所示。

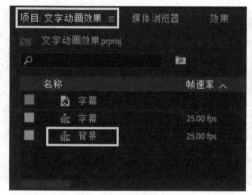

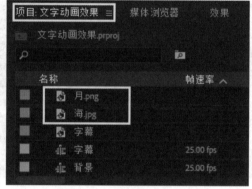

图 5-97　重命名　　　　　　　　　　　　图 5-98　导入素材

第十一步：在"时间线"面板空余位置单击鼠标右键，在弹出的对话框中选择"添加单个轨道"，如图5-99所示。在"时间线"面板出现四条视频轨道，如图5-100所示。

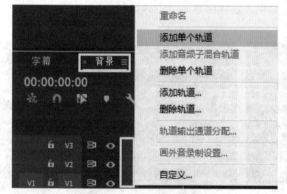

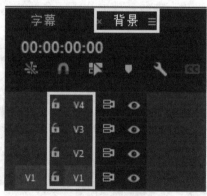

图 5-99　添加单个轨道　　　　　　　　　图 5-100　视频轨道

第十二步：单击"背景"序列，将素材"海"拖至"视频轨道1"，将字幕序列拖至"视频轨道2"，将素材"月"拖至"视频轨道4"，如图5-101所示。在"时间线"面板删除"音频轨道"素材，将素材"海""月"时长对齐字幕时长，如图5-102所示。

图5-101 拖动素材

图5-102 设置素材

第十三步：在"时间线"面板上单击"月"素材，如图5-103所示。在"效果控件"面板，"位置"输入"1600/280"，"缩放"输入"50"，如图5-104所示。拖动"时间线"观察动画层级效果，如图5-105所示。

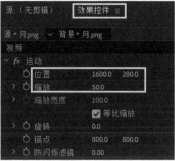

图5-103 单击素材 图5-104 效果控件 图5-105 层级效果

第十四步：在"时间线"将"时间指针"拖至"00:00:00:00"位置，单击"月"素材，如图5-106所示。在"效果控件"面板，单击"旋转"与"不透明度"的"切换动画"，如图5-107所示。

图5-106 时间指针 图5-107 设置属性

第十五步：在"时间线"面板将"时间指针"拖至"00:00:10:00"位置，如图5-108所示。在"效果控件"面板，"旋转"输入"90"，"不透明度"输入"85"，如图5-109所示。

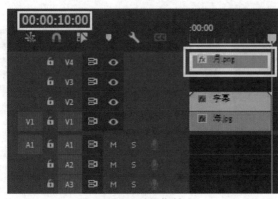 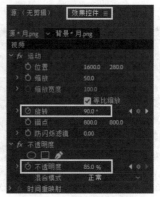

图5-108　时间指针　　　　　　　　　图5-109　设置属性

第十六步：单击"效果"面板"视频效果→透视→基本3D"，将其拖至"时间线"面板素材"字幕"上，如图5-110所示。在"效果控件"面板，"基本3D→旋转"输入"-30"，如图5-111所示。

 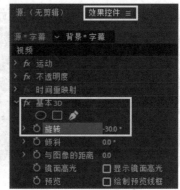

图5-110　基本3D　　　　　　　　图5-111　设置属性旋转

第十七步：单击"效果"面板"视频效果→透视→斜面Alpha"，将其拖至"时间线"面板素材"字幕"上，如图5-112所示。在"效果控件"面板，"斜面Alpha→边缘厚度"输入"4"，"光照颜色"输入"F6FF00"，如图5-113所示。

 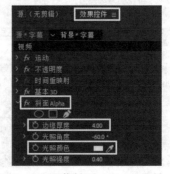

图5-112　斜面Alpha　　　　图5-113 调节斜面　Alpha 属性

第十八步：单击"效果"面板"视频效果→扭曲→镜头扭曲"，将其拖至"时间线"面板素材"字幕"上，如图 5-114 所示。在"效果控件"面板，"镜头扭曲""曲率"输入"-25"，如图 5-115 所示。

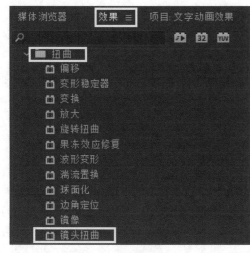

图 5-114　镜头扭曲

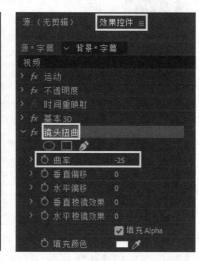

图 5-115　调节镜头扭曲属性

第十九步：单击"效果"面板"视频效果→生成→镜头光晕"，将其拖至"时间线"面板素材"字幕"上，如图 5-116 所示。在"效果控件"面板，"镜头光晕""光晕亮度"输入"80"，"与原始图像混合"输入"20"，如图 5-117 所示。

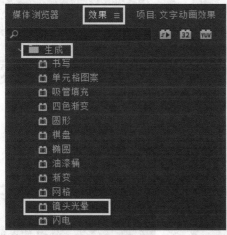

图 5-116　镜头光晕

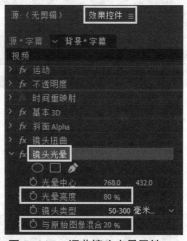

图 5-117　调节镜头光晕属性

第二十步：在"时间线"面板"字幕"上单击鼠标右键，在弹出的对话框中选择"嵌套"，如图 5-118 所示。在弹出"嵌套序列名称""名称"输入"字幕嵌套"，单击"确定"，如图 5-119 所示。

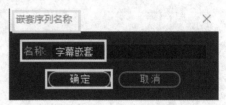

图 5-118　嵌套　　　　　　　　　　　图 5-119　嵌套序列名称

　　第二十一步：按住键盘"Alt"键拖动"字幕嵌套"层至"视频轨道 3"中，如图 5-120 所示。单击"效果"面板"视频效果→扭曲→湍流置换"，将其拖至"时间线"面板"视频轨道 3"素材上，如图 5-121 所示。

图 5-120　复制字幕嵌套　　　　　　　　图 5-121　湍流置换

　　第二十二步：在"时间线"面板将"时间指针"拖至"00:00:00:00"位置，如图 5-122 所示。在"效果控件"面板，"湍流置换""置换"选择"水平"，"复杂度"输入"2"、单击"演化"的"切换动画"，如图 5-123 所示。

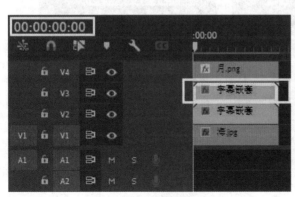

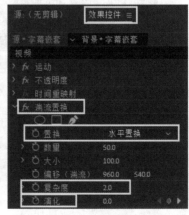

图 5-122　时间指针　　　　　　　　图 5-123　调节湍流置换属性

第二十三步：在"时间线"面板将"时间指针"拖至"00:00:10:00"位置，如图5-124所示。在"效果控件"面板"湍流置换→演化"输入"360"，如图5-125所示。

图5-124　时间指针　　　　　　　　　图5-125　调节湍流置换属性

第二十四步：在"湍流置换"面板单击"创建4点多边形蒙版"，如图5-126所示。在"节目监视器"面板，通过移动"点"，选择素材"背景"的海面部分，如图5-127所示。

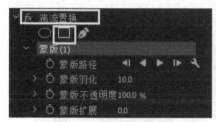

图5-126　创建蒙版　　　　　　　　　　　图5-127　点

第二十五步：在"效果控件"面板"湍流置换→蒙版1→蒙版羽化"输入"15"，"蒙版扩展"输入"20"，如图5-128所示。在"不透明度"面板"不透明度"输入"50"，"混合模式"选择"柔光"，如图5-129所示。

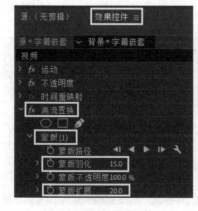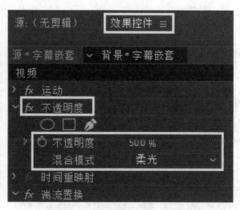

图5-128　调节蒙版　　　　　　　　　　图5-129　调节不透明度

第二十五步：单击"效果控件"面板"变换中选择裁剪"，将其拖至"时间线"面板"视频轨道2""字幕嵌套"素材上，如图5-130所示。在"效果控件"面板"裁剪→底部"输入"42"，"羽化边缘"输入"-20"，如图5-131所示。

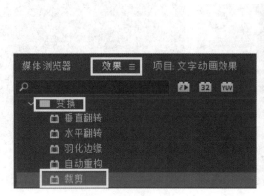

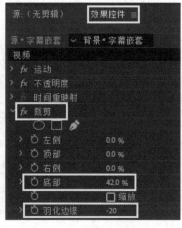

图5-130 裁剪　　　　　　　　　　图5-131 调节裁剪属性

第二十六步：将素材"音乐--字幕动画效果"导入至"项目"面板，再将其拖至到"时间线"面板"音频轨道1"上，如图5-132所示。选择"效果"面板"音频过渡""恒定功率"效果，如图5-133所示。

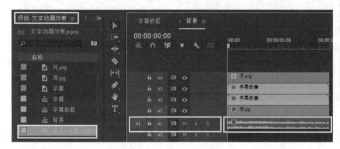

图5-132 导入素材　　　　　　　　图5-133 恒定功率

第二十七步：将"恒定功率"效果拖至素材"音乐--字幕动画效果"的入点，如图5-134所示。单击"恒定功率"效果，在"效果控件"面板"持续时间"输入"00:00:02:00"，如图5-135所示。

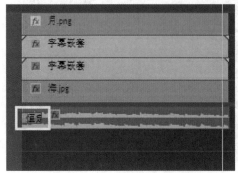

图5-134 增添恒定功率效果　　　　图5-135 持续时间

第二十八步：单击菜单"文件→导出→媒体"命令，如图 5-136 所示。在弹出"导出设置"对话框中，"格式"选择"H.264"、"输出名称"输入"文字动画效果"（同时选择存储路径），单击"导出"，如图 5-137 所示。

图 5-136　导出媒体　　　　　　　　　　　　　图 5-137　导出设置

第二十九步：单击播放观察动画最终效果，如图 5-138 所示。

图 5-138　文字动画最终效果

本项目通过文字动画制作的实现，使学习者对字幕制作相关知识有了初步了解，对设置字幕命令的使用有所了解并掌握，并能够通过所学的相关知识实现"文字动画效果"项目的制作。

一、选择题

（1）"旧版标题"字幕面板是由（　　　）组合而成。（单选）

　　　　A. 2 块面板　　　　　　　　B. 4 块面板

　　　　C. 6 块面板　　　　　　　　D. 8 块面板

（2）（　　　）是现今运用最广泛的格式，可以对字体大小、颜色、背景颜色、透明度等多项属性进行调节（单选）

　　　　A. 澳大利亚 OP-47　　　　B. EBU 字幕

　　　　C. 副标题（开放式字幕）　D. 图文电视

（3）（　　　）的创建及设置与字幕的创建及设置完全相同。（单选）

　　　　A. 图形　　　　　　　　　B. 像素

　　　　C. 蒙版　　　　　　　　　D. 素材

（4）创建图形工具有（　　　　）。（多选）

　　　　A. 矩形工具　　　　　B. 圆角矩形工具　　　　C. 切角矩形工具

　　　　D. 弧形工具　　　　　E. 椭圆工具　　　　　　F. 直线工具

（5）"旧版标题属性"面板内，包含（　　　　　）。（多选）

　　　　A. 变换　　　　　　　B. 属性　　　　　　　　C. 填充

　　　　D. 描边　　　　　　　E. 阴影　　　　　　　　F. 背景

二、填空题

（1）（　　　　　　）是早期版本中制作字幕的方法，也是最传统制作字幕的方法。

（2）（　　　　　　）格式是基于英国早期的一种信息广播系统。

（3）"旧版标题"字幕面板由（　　　　　　　　　　　　　　　　）等面板组合而成。

（4）（　　　　　　）创建字幕的方法多用于影视剧、纪录片中文字对白。

（5）（　　　　　　）是一种字幕创建工具，使用方法非常的简单，只需要在"节目监视器"面板中输入文字，就可以创建出字幕。

三、简答题

（1）简述创建字幕的三种方法。

（2）简述图形的方法。

四、项目训练制作要求

（1）利用关键帧实现文字素材的位置、缩放、旋转、不透明度等属性的变化。

（2）制作过程可以增添淡入淡出、转场、特效等基本的动画效果。

（3）确保字幕和标题内容能够使观看者清晰理解。

（4）可以尝试使用多种方式创建文字，展现出创意和风格。

（5）视频时间长度在 30 秒以上，视频尺寸 1920*1080，输出 MP4 视频格式。

项目六　利用后期特效实现光电动画效果

（1）素质目标

通过对项目六的学习和实践过程，重点培养学生具有数字文创领域的开拓创新精神。

（2）知识目标

了解 After Effect 软件进行后期特效制作的基本概念和基础知识，包括 After Effect 软件工作原理、合成的概念等。

（3）技能目标

熟练掌握 After Effect 特效和动画模块的使用技术。

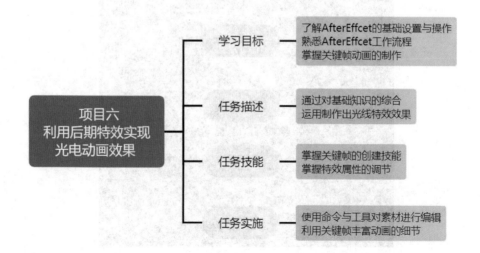

【情境导入】

在当今数字化、信息化迅速发展的时代背景下，国家高度重视数字文创领域的人才培养，出台了一系列政策文件，旨在引导学生具备开拓创新精神，以适应未来社会的发展需求。《关于深化高等学校创新创业教育改革的实施意见》明确提出了加强高校创新创业教育的指导思想、基本原则和主要任务，强调要激发学生的创新思维和创业热情，培养具有创新精神和实践能力的高素质人才。这一政策为数字文创领域的人才培养提供了坚实的基础，鼓励学生在掌握专业知识的同时，积极探索新的创意和商业模式。《中国教育现代化 2035》从长远规划的角度出发，提出了我国教育现代化的目标和路径，特别强调了创新驱动发展战略的重要性。该文件指出，要深化教育教学改革，推进素质教育，培养学生的创新精神和实践能力，为我国经济社会发展提供有力的人才支撑。在数字文创领域，这意味着要更加注重培养学生的跨学科知识融合能力、创新能力和团队协作能力，以适应未来文化产业的发展趋势。

【任务描述】

● 使用命令与工具对素材进行编辑
● 利用关键帧丰富动画的细节

【效果展示】

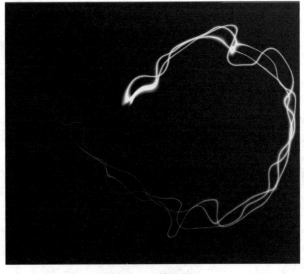

图 6-1　效果图

　　After Effects 简称 AE，也是 Adobe 公司出品的软件，分别与 Premiere 应用在不同的领域。总的来说，Premiere 更多的是应用在视频剪辑方面；After Effects 更多的是应用在视频特效方面。在实际的工作中两者也可以相互配合，制作出绚丽的画面效果。

技能点一　After Effects 特效技术

　　After Effects 软件可以高效精确地创造更加逼真视觉效果，对各种素材进行后期合成，同时内置多种类型的预设效果和动画，能够在视频制作中进行优化与增添效果。After Effects 软件界面与 Premiere 软件界面类似，都是由各个面板组合而成，界面整齐有序，便于使用者的快速操作，提高工作效率，如图 6-2 所示。

图 6-2　界面

1. 操作界面

　　After Effects 软件界面与 Premiere 软件界面类似，都是由各个面板组合而成，界面整齐有序，利于使用者的快速操作，提高工作效率，下面将依次为大家进行介绍各个面板。

（1）菜单栏

　　包含所有的命令与选项，共有 9 个菜单，分别是文件、编辑、合成、图层、效果、动画、视图、窗口、帮助，如图 6-3 所示。

文件(F)　编辑(E)　合成(C)　图层(L)　效果(T)　动画(A)　视图(V)　窗口　帮助(H)

图 6-3　菜单栏

（2）工具箱

集合常用的编辑工具，在制作过程中起到重要作用，如图 6-4 所示。

图 6-4　工具箱

（3）项目面板

是存放素材和合成的面板，可以进行管理查询素材信息，如图 6-5 所示。

（4）特效控制面板

可以调节修改特效属性数值，以及创建关键帧，如图 6-6 所示。

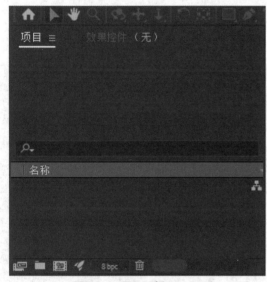

图 6-5　项目面板　　　　　　　　　　图 6-6　特效控制面板

（5）时间线面板

是创建动画的主要面板，基本上动画设置都是在此完成的，如图 6-7 所示。

图 6-7　时间线面板

（6）合成面板

可以预览当前合成的视频，在"合成面板"显示"时间线面板"上创作的视频，也是编辑素材的主要面板，与"时间线面板"相互配合使用，如图 6-8 所示。

图6-8　合成面板

（7）信息面板

显示当前鼠标指针所在位置的色彩及位置信息，如图6-9所示。

（8）音频面板

显示当前及可检测音频的音量信息，如图6-10所示。

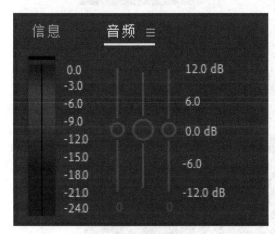

图6-9　信息面板

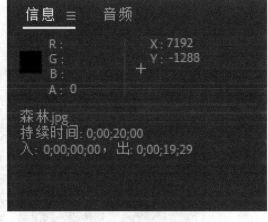

图6-10　音频面板

（9）预览控制台面板

可以控制视频播放，设置多种预览方式，提供高质量或高速度的渲染，如图6-11所示。

（10）特效与预设面板

内置各种特效效果与动画效果，可以直接选择使用，如图6-12所示。

图 6-11　预览面板

图 6-12　特效与预设面板

（11）字符面板

可以设置文字基本属性的调板，如图 6-13 所示。

（12）段落面板

可以设置文本段落属性，如图 6-14 所示。

图 6-13　字符面板

图 6-14　段落面板

　　还有很多的面板没有显示在界面中，可以单击菜单"窗口"下找到这些面板，选择需要的面板对其进行开启或关闭，如图 6-15 所示。

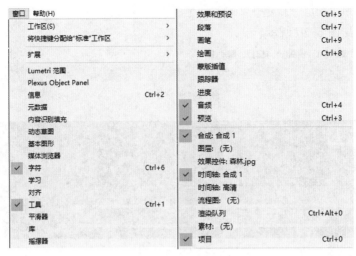

图 6-15　窗口

技能点二　After Effects 动画技术

在实际工作中由于工作需求不同，流程也会有所不同。但是工作流程基本是导入素材、创建合成面板、设置关键帧、修改属性、制作特效、预览动画 、渲染与输出，如图 6-16 所示。

图 6-16　基本流程

（1）例如，激活 After Effects 软件，单击菜单"合成→新建合成"，如图 6-17 所示。在弹出的"合成设置"中"合成名称"输入"工作流程"，"预设"选择"HDTV 1080 25"，"像素长宽比"输入"方形像素"，"持续时间"输入"0:00:10:00"，单击"确定"，如图 6-18 所示。

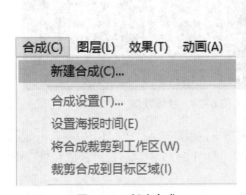

图 6-17　新建合成

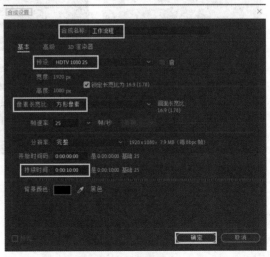

图 6-18　合成设置

（2）单击菜单"图层→新建→文本"命令，如图 6-19 所示。在"工作流程"中创建出"空文本图层"，如图 6-20 所示。

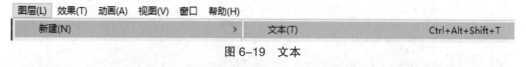

图 6-19　文本

图 6-20　空文本图层

（3）此时，可以在"合成面板"中输入"工作流程"文字，如图 6-21 所示。或是选择"工作流程"文字，如图 6-22 所示。

图 6-21　创建文字

图 6-22　选择文字

（4）在"字符"面板中"字体"选择"微软雅黑"，"颜色"输入"28C4E0"，勾选"粗体"，如图 6-23 所示。在"合成面板"中观察文字的效果，如图 6-24 所示。

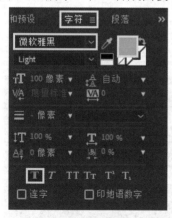

图 6-23　字符属性

图 6-24　字体效果

（5）在"工作流程"合成中打开"工作流程→变换→位置"输入"25、1050"（若未显示属性数值，可单击左下方"展开或折叠图层开关"窗格），如图 6-25 所示。在"合成面板"中观察文字的效果，如图 6-26 所示。

图 6-25 工作流程

图 6-26 文字效果

（6）在"时间线面板"中，将"时间指针"拖至"0:00:00:00"位置，单击"位置"属性的"时间变化秒表" ⏱，在"时间线面板"中设置"关键帧"，如图 6-27 所示。将"时间指针"拖至"0:00:10:00"位置，如图 6-28 所示。

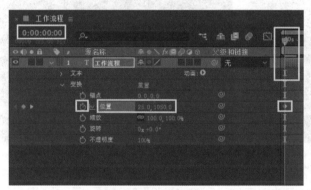
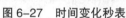

图 6-27 时间变化秒表

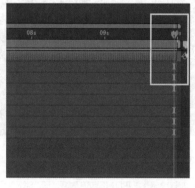

图 6-28 时间指针拖至 10 秒位置

（7）在"工作流程""变换""位置"输入"1500、100"，如图 6-29 所示。在"合成面板"中观察文字的效果，如图 6-30 所示。

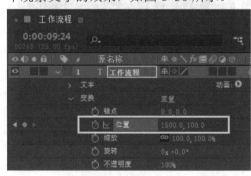

图 6 29 位置属性

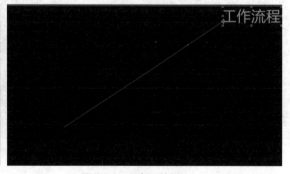

图 6-30 动画效果

（8）凡是带有"时间变化秒表" ⏱ 的属性都可以设置"关键帧"。将"时间指针"拖至"0:00:00:00"位置，单击"缩放"与"旋转"的"时间变化秒表" ⏱，如图 6-31 所示。将"时间指针"拖至"0:00:10:00"位置，如图 6-32 所示。

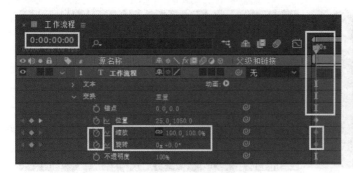
图 6-31　缩放与旋转时间变化秒表

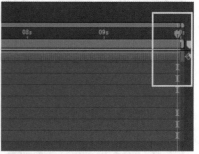
图 6-32　拖至 10 秒位置

（9）在"缩放"输入"150"，"旋转"输入"360"，如图 6-33 所示。此时，中心点不在文字中心位置进行旋转，如图 6-34 所示。

图 6-33　调节缩放与旋转属性

图 6-34　动画效果

（10）在"时间线面板"中，将"时间指针"拖至"0:00:00:00"位置，在"锚点（中心点）"输入"180、−20"，"位置"输入"190、1025"（"锚点"属性数值产生变化，"位置"也随之变化，所以也需要调节），如图 6-35 所示。播放动画观察效果，如图 6-36 所示。

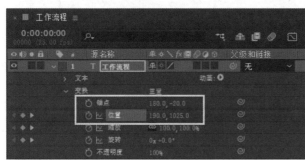
图 6-35　调节锚点与位置属性

图 6-36　动画效果

（11）在"时间线面板"中选择"工作流程"层，单击菜单"效果→风格化→毛边"效果，如图 6-37 所示。将"时间指针"拖至"0:00:00:00"位置，在"效果控件"面板"毛边""边缘类型"选择"刺状"、"边界"输入"50"单击其"时间变化秒表" ⏱、"边缘锐度"输入"0"单击其"时间变化秒表" ⏱，如图 6-38 所示。

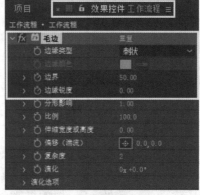

图 6-37　工作流程　　　　　　　　　图 6-38　设置毛边效果

（12）将"时间指针"拖至"0:00:10:00"位置，在"效果控件"面板"毛边""边界"输入"0"，如图 6-39 所示。播放动画观察效果，如图 6-40 所示。

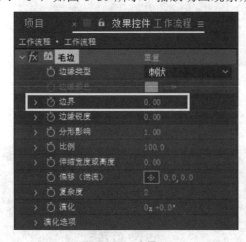

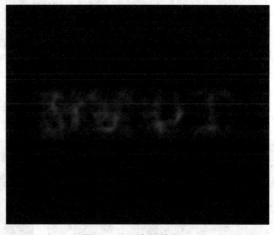

图 6-39　边界　　　　　　　　　　　图 6-40　动画效果

（13）单击"项目"面板空余位置，如图 6-41 所示。在弹出"导入文件"对话框中选择"背景"素材，单击"导入"，如图 6-42 所示。

（14）在"项目"面板中单击"背景"素材，如图 6-43 所示。按住鼠标拖至"时间线面板"，"工作流程层"的下方，"入点"对齐"0:00:00:00"位置，"出点"对齐"0:00:10:00"位置，如图 6-44 所示。

图 6-41　项目面板

图 6-42　导入文件

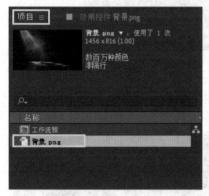

图 6-43　选择背景

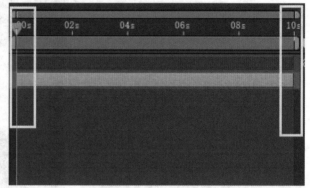

图 6-44　对齐时间

（15）在"工作流程"的"背景""缩放"输入"135、135"，如图 6-45 所示。播放动画观察效果，如图 6-46 所示。

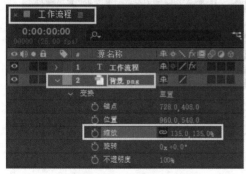

图 6-45　缩放

图 6-46　动画效果

（16）单击菜单"合成""添加到渲染列队"命令，如图 6-47 所示。在"渲染队列"面板中单击"输出模块"选择"无损"，如图 6-48 所示。

图 6-47　添加到渲染列队

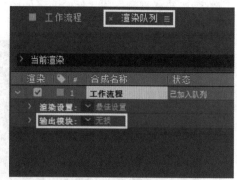

图 6-48　无损

（17）在弹出"输出模块设置→格式"选择"AVI"，单击"确定"，如图 6-49 所示。在"渲染队列"面板中单击"输出到→工作流程"，如图 6-50 所示。

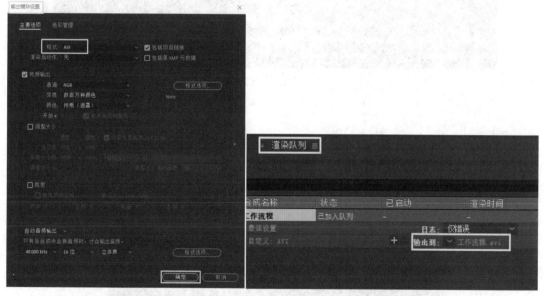

图 6-49　输出模块设置

图 6-50　输出到

（18）在弹出"将影片输出到"选择输出路径，单击"保存"，如图 6-51 所示。在"渲染队列"面板中单击"渲染"，如图 6-52 所示。

图 6-51　输出模块设置

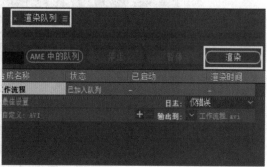

图 6-52　渲染

（19）渲染成视频格式文件，即可使用播放器进行观看，如符合制作要求，即可保存完成制作，如图 6-53 所示。

图 6-53 观看效果

通过以上的学习，学习者可以了解后期特效的基础知识及使用方法。为了巩固所学知识，通过以下几个步骤，使用后期特效相关知识制作"光线效果"，如图 6-54 所示。

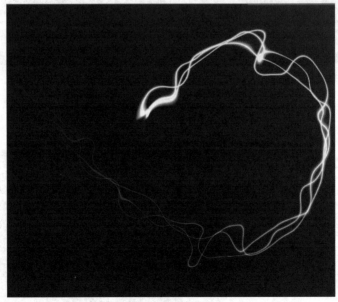

图 6-54 效果图

第一步：打开软件，单击菜单"合成""新建合成"，如图 6-55 所示。在弹出的"合成设置"中"合成名称"输入"光线"，"预设"选择"HDTV 1080 25"，"像素长宽比"输入"方形像素"，"持续时间"输入"0:00:05:00"，单击"确定"，如图 6-56 所示。

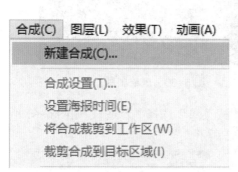

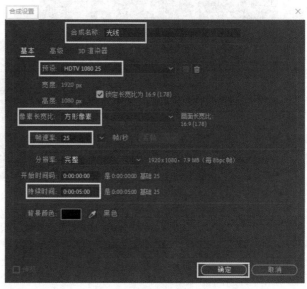

图 6-55　新建合成　　　　　　　　　　　　图 6-56　合成设置

第二步：在"合成"面板的左下角"放大率弹出式菜单"选择"25%"（尽量缩小合成区域，留出空余位置，方便下一步的操作），如图 6-57 所示。在"光线"合成的空余位置，单击鼠标右键，在弹出的菜单中选择"新建""纯色"命令，如图 6-58 所示。

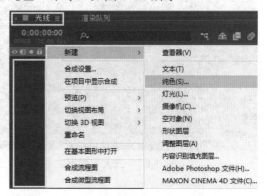

图 6-57　放大率弹出式菜单　　　　　　　　图 6-58　纯色

第三步：在弹出的"纯色设置"对话框中，"名称"输入"线"，单击"制作合成大小""确定"，如图 6-59 所示。在"工具栏"中选择"钢笔工具"，如图 6-60 所示。

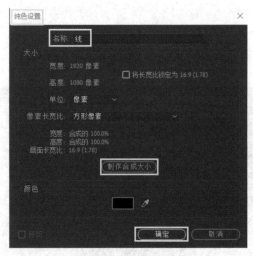

图 6-59　纯色设置　　　　　　　　　　　图 6-60　钢笔工具

第四步：在"合成"面板的左下角"放大率弹出式菜单"选择"合适"，如图 6-61 所示。单击菜单"效果→生成→勾画"效果，如图 6-62 所示。

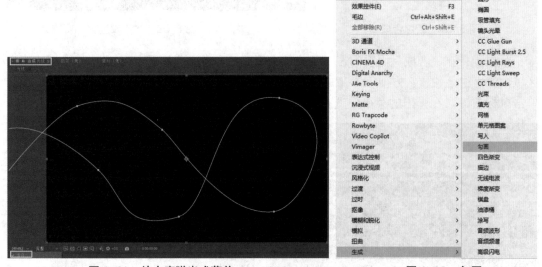

图 6-61　放大率弹出式菜单　　　　　　　图 6-62　勾画

第五步：在"效果控件"面板"勾画"中，"描边"选择"蒙版/路径"，"片段"输入"1"，"颜色"输入"#FFFFFF"，"硬度"输入"0.5"，"起始点不透明度"输入"0.9"，"中点不透明度"输入"-0.5"，如图 6-63 所示。将"时间指针"拖至"0:00:00:00"位置，如图 6-64 所示。

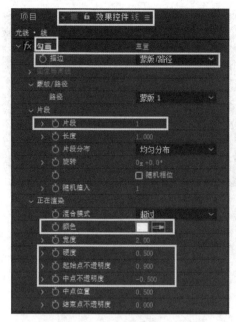

图 6-63　勾画属性

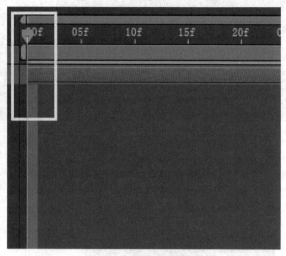

图 6-64　时间指针

　　第六步：在"旋转"输入"0*-75"位置，单击"时间变化秒表" ，如图 6-65 所示。将"时间指针"拖至"0:00:05:00"位置，如图 6-66 所示。

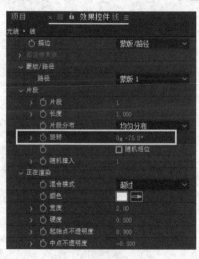

图 6-65　旋转

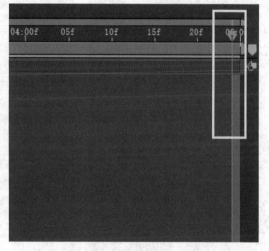

图 6-66　时间指针

　　第七步：在"旋转"输入"-1*-75"位置，如图 6-67 所示。在"光线"合成中选择"线"层，如图 6-68 所示。

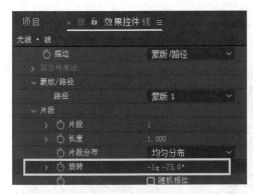

图 6-67　旋转

图 6-68　选择层

第八步：也可以双击"效果与预设"选择"风格化→发光"效果，如图 6-69 所示。在"效果控件"面板"发光"，"发光基于"选择"颜色通道"，"发光阈值"输入"40"，"发光半径"输入"10"，"发光强度"输入"5"，"发光颜色"选择"A 和 B 颜色"，"颜色 A"输入"#FFF600"，"颜色 B"输入"#FF0000"，如图 6-70 所示。

图 6-69　发光

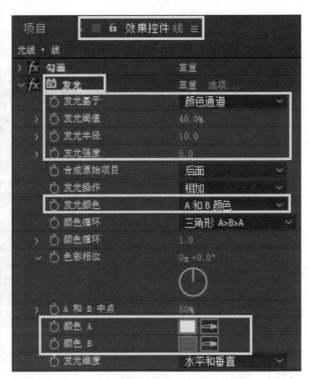

图 6-70　调节发光

第九步：在"光线"合成中选择"线"层，单击菜单"编辑→重复"命令，如图 6-71 所示。在复制的"线"层，单击鼠标右键，在弹出的从菜单中选择"重命名"，如图 6-72 所示。

| 编辑(E) | 合成(C) | 图层(L) | 效果(T) | 动画(A) | 视图(V |

撤消 复制图层　　　　　　　　Ctrl+Z
无法重做　　　　　　　　　　Ctrl+Shift+Z
历史记录　　　　　　　　　　>
剪切(T)　　　　　　　　　　Ctrl+X
复制(C)　　　　　　　　　　Ctrl+C
带属性链接复制　　　　　　　Ctrl+Alt+C
带相对属性链接复制
仅复制表达式
粘贴(P)　　　　　　　　　　Ctrl+V
清除(E)　　　　　　　　　　Delete
重复(D)　　　　　　　　　　Ctrl+D

图 6-71　重复　　　　　　　　　　　图 6-72　重命名

第十步：将图层 1 的名称"线"修改成"光"，如图 6-73 所示。在"效果控件"面板
"勾画""宽度"输入"20"，"发光""发光半径"输入"20"，"发光强度"输入"3"，"合
作原始项目"选择"顶端"，"颜色 A"输入"#D1D0F2"，"颜色 B"输入"#312F57"，如
图 6-74 所示。

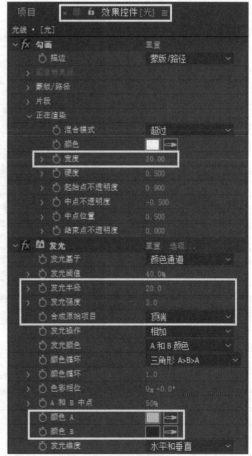

图 6-73　光　　　　　　　　　　　　图 6-74　调节属性

第十一步：将"光"层的"模式"选择"相加"（若没有"模式"，单击左下方"展开或折叠转换控制窗口"），如图 6-75 所示。在"合成"面板观察光线效果，如图 6-76 所示。

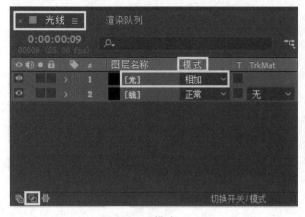

图 6-75　模式

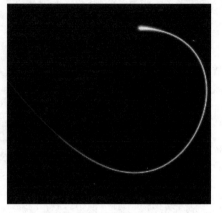

图 6-76　效果

第十二步：单击菜单"合成→新建合成"，如图 6-77 所示。在弹出的"合成设置"中"合成名称"输入"三条光线"、单击"确定"，如图 6-78 所示。

图 6-77　新建合成

图 6-78　合成名称

第十三步：在"光线"合成的空余位置，单击鼠标右键，在弹出的菜单中选择"新建""纯色"命令，如图 6-79 所示。在弹出的"纯色设置"对话框中，"名称"输入"背景"，单击"制作合成大小""确定"，如图 6-80 所示。

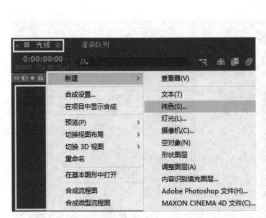

图 6-79　纯色

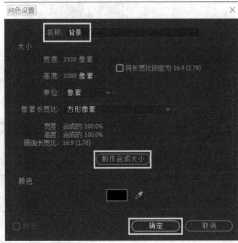

图 6-80　纯色设置

第十四步：单击菜单"效果→生成→梯度渐变"效果，如图 6-81 所示。在"效果控件"面板"梯度渐变""渐变起点"输入"600、800"，"起始颜色"输入"#000000"，"渐变终点"输入"3000、-450"，"结束颜色"输入"#384596"，"渐变形状"选择"线性渐变"，"渐变散射"输入"100"，如图 6-82 所示。

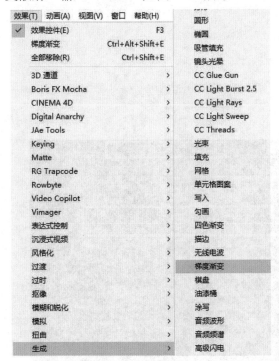

图 6-81　梯度渐变

图 6-82　调节梯度渐变

第十五步：将"项目"中"光线"拖至到"三条光线"合成组中（放置在"背景"之上），如图 6-83 所示。在"三条光线"合成组中"光线"的模式选择"相加"，如图 6-84 所示。

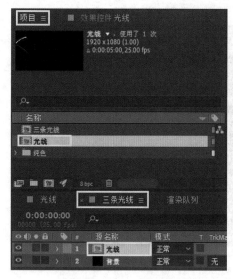

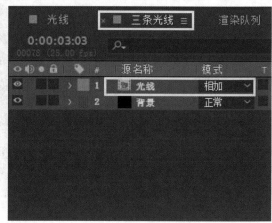

图 6-83 拖入光线   图 6-84 模式

第十六步：单击菜单"效果""扭曲""湍流置换"效果，如图 6-85 所示。在"效果控件"面板"湍流置换"中"数量"输入"150"，"大小"输入"50"，如图 6-86 所示。

图 6-85 湍流置换   图 6-86 模式

第十七步：选择"三条光线"合成组中"光线"层，如图 6-87 所示。在"光线"层单击鼠标右键，在弹出的从菜单中选择"重命名"，如图 6-88 所示。

图 6-87　选择光线

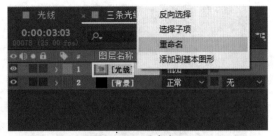

图 6-88　重命名

第十八步：将"光线"层名称修改成"光线 1"，如图 6-89 所示。单击菜单"编辑""重复"命令两次，如图 6-90 所示。

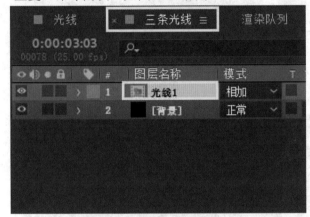

图 6-89　修改图层名称

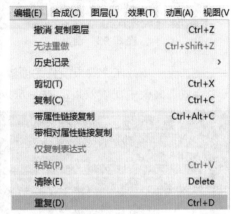

图 6-90　重复

第十九步：复制出"光线 2"层与"光线 3"层，如图 6-91 所示。选择"光线 2"层，如图 6-92 所示。

图 6-91　复制两层

图 6-92　选择光线 2

第二十步：在"效果控件"面板"湍流置换→置换"选择"凸出"，如图 6-93 所示。选择"光线 3"层，如图 6-94 所示。

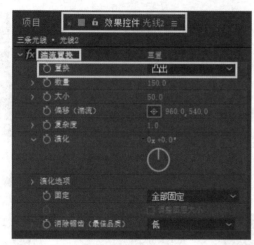

图 6-93　凸出

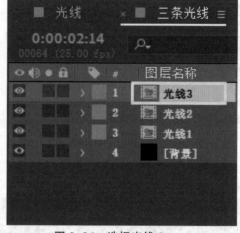

图 6-94　选择光线 3

　　第二十一步：在"效果控件"面板"湍流置换→置换"选择"扭转"，如图 6-95 所示。在"合成"面板中观察效果，如图 6-96 所示。

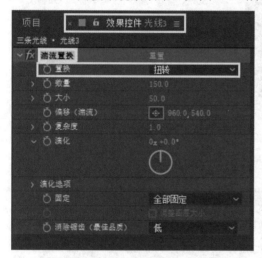

图 6-95　扭转

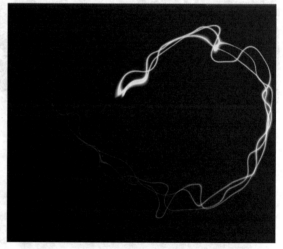

图 6-96　效果

　　本项目通过光纤动画制作的实现，使学习者对后期制作相关知识有了初步了解，对工具、命令的使用有所了解并掌握，并能够通过所学的相关知识实现"光线动画"项目的制作。

一、选择题

（1）After Effects 这款软件是由（　　）出品。（单选）

    A. Adobe 公司　　　　　　　　B. 微软公司

    C. 索尼公司　　　　　　　　　D. 苹果公司

（2）After Effects 工作的主要方向是（　　　）。（单选）

    A. 视频剪辑　　　　　　　　　B. 后期特效

    C. 三维制作　　　　　　　　　D. 音频合成

（3）Premiere 工作的主要方向是（　　　）。（单选）

    A. 视频剪辑　　　　　　　　　B. 后期特效

    C. 三维制作　　　　　　　　　D. 音频合成

（4）After Effects 中可以导入的素材有（　　　）。（多选）

    A. 音频素材　　　　　　　　　B. 视频素材

    C. 图像素材　　　　　　　　　D. 三维素材

（5）能够对视频编辑的软件是（　　　）。（多选）

    A. After Effects　　　　　　　B. Premiere

    C. Photoshop　　　　　　　　D. Illustrator

二、填空题

（1）能够调节修改特效属性数值，以及创建关键帧，是（　　　　）面板。

（2）能够存放素材和合成组，以及进行管理查询素材信息，是（　　　　）面板。

（3）After Effects 的工作区域，主要由（　　　）（　　　）（　　　）（　　　）（　　　）

（　　　）（　　　）（　　　）（　　　）（　　　）等面板组合而成

（4）能够设置文字基本属性，是（　　　　）面板。

（5）可以在菜单（　　　）命令中选择各个面板的显示。

三、简答题

（1）简述视 After Effects 工作基本流程。

（2）简述 Premiere 与 After Effects 的区别。

四、项目训练制作要求

（1）片头主题突出、节奏把握到位、特效运用完整。

（2）片头应包含文字、图片、声音、视频等元素。

（3）至少运用 2 种以上特效效果。

（4）视频时间长度在 30 秒以上，视频尺寸 1920*1080，输出 MP4 视频格式。